数码暗房

老郎君Photoshop数码照片处理技法 人像篇

（修订版）

汪端 编著

人民邮电出版社
北京

图书在版编目（CIP）数据

老邮差Photoshop数码照片处理技法. 人像篇 / 汪端编著. -- 2版（修订本）. -- 北京 : 人民邮电出版社, 2019.3
ISBN 978-7-115-50507-1

Ⅰ. ①老… Ⅱ. ①汪… Ⅲ. ①图象处理软件 Ⅳ. ①TP391.413

中国版本图书馆CIP数据核字(2018)第300198号

内 容 提 要

这是一本专门讲述人像摄影照片后期处理技术的书。

本书将人像照片后期处理分成两大部分：第一部分是处理人像照片的基本技法，包括工具使用、影调和色调控制；第二部分分门别类地讲述了人像照片处理的思路和流程，包括环境人像、影棚人像、黑白人像和创意人像，包含目前常见的人像拍摄形式。本书特别强调人像照片处理中影调和色调控制与人物的关系，体现了人像摄影的目的性和艺术性。随书学习资源中包含书中所有案例用到的素材文件和PSD文件，以及老邮差亲自录制的7个教学视频。

本书适合已经掌握了Photoshop基本操作技术，具备数码图像处理能力的中级以上读者阅读使用。

◆ 编　　著　汪　端
　责任编辑　张丹丹
　责任印制　马振武
◆ 人民邮电出版社出版发行　　北京市丰台区成寿寺路 11 号
　邮编　100164　　电子邮件　315@ptpress.com.cn
　网址　http://www.ptpress.com.cn
　北京东方宝隆印刷有限公司印刷
◆ 开本：889×1194　1/20
　印张：11.8
　字数：514 千字　　　　　2019 年 3 月第 2 版
　印数：4 501 – 7 500 册　　　2019 年 3 月北京第 1 次印刷

定价：89.00 元

读者服务热线：(010)81055410　印装质量热线：(010)81055316
反盗版热线：(010)81055315
广告经营许可证：京东工商广登字 20170147 号

前言

人像摄影是我的短板。

在“老邮差数码照片处理技法”系列图书中，人像篇又是必须要有的内容。因此，为了这本人像篇，我经历了多年的波折，几上几下，反复推敲，各方讨教，摸索试验，总算交出了这份答卷。

第一个难点是人像的拍摄。

为了写这本人像篇，我专门下功夫学习人像拍摄，不仅是具体的拍摄技术和布光技术，还有各种不同类别题材的摸索尝试。拍人像与我过去拍风光的思维方式是完全不同的，从拍摄理念到拍摄技术，从模特选择到场景安排，从光线布置到造型要求，从模特交流到姿态摆布，所有这些都是我的新课题。经过几年的学习、实践、思考和积累，不敢说会拍人像了，但还算是有了初步的感觉。

第二个难点是模特的寻找。

第一，人像作品中摄影师有著作权，模特有肖像权。因此每一张用在书里的人像照片都要得到被摄者的认可，向被摄者说明我拍摄这些照片将来的用途。第二，一本书里不能翻来覆去只有几个人的熟脸，要根据全书知识点框架的要求选用各种各样的人来拍摄，有青春少女，也有中老年人；有知识分子，也有山村农夫。人物的多样性是要花精力才能做到的。第三，用专业模特拍出的片子好看，但不接地气，而且费用较高，其摄影场景布置烦琐，化妆、服装、灯光、器材、交通整个团队动静太大。拍摄的照片虽然很完美，但不一定能有适合做书中实例的。这样的人像摄影与一般摄影爱好者距离较远，大多数摄影爱好者会觉得自己拍不到这类片子。所以本书所选用的实例照片都是尽量贴近普通摄影爱好者的，拍摄条件和方法尽量简单的，让绝大多数读者感觉自己也能拍得到。

第三个难点是本书的结构。

人像篇的目的是帮助大多数摄影人解决人像摄影照片的后期处理难题，要针对大家在人像拍摄中经常遇到的实际问题，提出简便可行的后期处理解决办法。因此本书的篇章结构布局是一个需要细心思考斟酌的难点，不是选一些画面好看的照片，或者找一些面容养眼的模特就行的，必须按照摄影人的思维，以及人像摄影中常见的问题需求来考虑篇章布局。经过长期的沉淀和反复的推敲，才最终确定了本书的结构。本书将人像照片后期处理分成两大部分：第一部分是处理人像照片的基本技法，包括工具使用、影调和色调控制，这里涉及Photoshop的很多技术，以“三板斧”为核心，融合了图层、蒙版、调整层等技术，而这些具体技术操作并没有在本书中详细讲解，学习某种技术的具体操作，还需要读者另外参阅老邮差系列的其他专著；第二部分分门别类地讲述了人像照片处理的思路和流程，包括环境人像、影棚人像、黑白人像和创意人像，尽力包含了目前常见的人像拍摄形式。但也不可能包含所有人像摄影题材，如儿童摄影因为肖像权问题比较麻烦就没有选用，又如在青少年中很时尚的cosplay、在专业人像中高端的商业服装广告等也都没有选用。

本书的目标是解决大家在人像摄影中经常遇到的后期处理实际问题，所以本书特别强调人像照片处理中，影调和色调控制与人物的关系，体现人像摄影的目的性和艺术性。

本书中的很多实例是在多年的教学实践中经过课堂反复实践，得到广大学员认可的。有些实例在老邮差系列其他书中出现过，但作为人像的专门内容在本书中又做了重新编写。

本书学习资源中提供了书中所有实例的素材图像，用于读者跟随本书做练习用。需要注意的是，这些素材图像涉及被摄者的肖像权，不得挪作他用。请读者尊重被摄模特，遵守版权法规。学习资源中还提供了相应实例的PSD文件，方便读者借鉴学习使用。学习资源中的教学视频有助于读者学习本书实例的具体操作技法。这些学习资源文件可以通过扫描“资源下载”二维码后根据提示获得。如需资源下载技术支持，请致函szys@ptpress.com.cn。

资源下载

在线视频

如果您在学习本书的过程中有问题、有意见，或者您发现书中有错误，欢迎来信，我们共同探讨交流。我的邮箱：wangduan@sina.com 。

汪端

2016年初春完成于北京

目录

第1章 用修饰工具简单修饰人像

用修饰工具直接修照片 01

Photoshop中有一些模拟暗室工具的直接修饰工具，使用这些直接修饰工具可以方便地在图像中做局部图像处理。而用直接修饰工具通常要设置好工具选项栏中的参数，然后在图像中做手工涂抹操作，这就几乎相当于纯手工操作。要想用直接修饰工具处理好照片，主要依赖于对工具的熟练使用和对图像影调与色调的个人感觉。

准备图像

打开随书赠送学习资源中的01.jpg文件。

在吴哥窟游览时，一个小女孩举着手里自己编织的小物件对我说：“One dollar。”我摆摆手表示不买。孩子马上退到石柱边，她那失望的眼神吸引了我，于是我立即举起相机拍摄了这张照片。

看这张照片，主体人物肤色较暗，而背景中游客的颜色很鲜艳。这样主体不够突出，而客体过于抢眼了。那么，后期处理时就要把主体强调出来，把客体弱化下去。

减淡工具与加深工具的由来

直接修饰工具中的减淡工具与加深工具的图标很经典。

减淡工具图标是一个圆形片带一根棍。这跟减淡有什么关系呢？如果做过早年的黑白暗室就知道了，在暗室中放大照片时，为了让照片中某个局部的影调淡一点，需要减少这个局部的曝光。于是就用一个圆形纸片粘上一根小棍，用这个纸片在放大机下遮挡相纸的局部曝光。

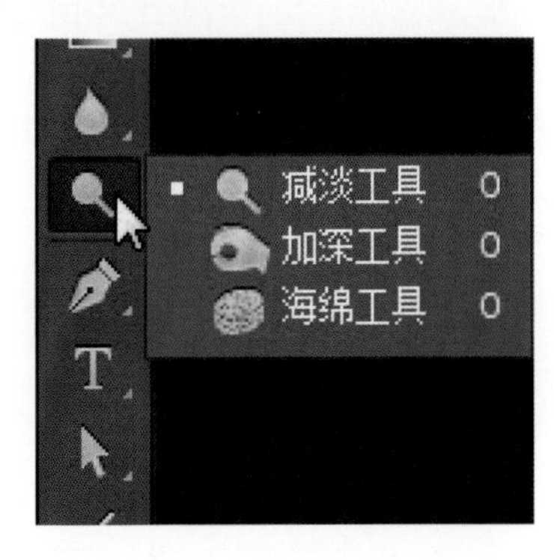

加深工具图标为什么是一只手？因为在暗室中给相纸曝光后，将相纸放入显影液，为了让相纸的某个局部影像暗一些，就会用手掌揉，在相纸局部给显影液加温。

明白了减淡工具与加深工具图标的由来，也就知道了这两个工具的作用。

海绵工具将在后面进行介绍。

提亮主体人物脸部的影调

主体人物脸部影调太暗，需要局部提亮。在工具箱中选择减淡工具，先在上面选项栏中打开范围下拉框，选中中间调，然后在图像中单击鼠标右键，在弹出的笔刷面板中设置比人物脸稍大的笔刷直径，设置最低的硬度参数，曝光度默认50%不改。

使用减淡工具在主体人物脸部适当单击两次或三次，看到局部的影调亮了一些。

将减淡工具上面选项栏中的范围改为“高光”，再次用减淡工具在主体人物脸部单击两次鼠标，专门提亮笔刷单击范围内较亮部分的影调。这样一来，就相当于加大了这个局部的影调反差，人物脸部影调更显亮了。

将减淡工具上面选项栏中的范围改为“阴影”，再次用减淡工具在主体人物右侧适当单击涂抹，专门提亮笔刷范围内阴影部分的亮度。现在感觉主体人物脸部的影调在整个图像中显得突出了。

在图像中单击鼠标右键，在弹出的笔刷面板中设置较小的笔刷直径。用较小的减淡工具笔刷涂抹人物的手部，让手的影调也适当亮一些。

处理游人的影调和颜色

再来处理照片左侧虚化的游人，主要是降低色彩饱和度和压暗影调，使之不要太突出抢眼。

在工具箱中选择加深工具，先来处理游人最亮的帽子和挎包，因此要将上面选项栏中的范围设置为“高光”。

在图像中单击鼠标右键，在弹出的笔刷面板中设置合适的笔刷直径和最低的硬度参数。

用加深工具在游人的帽子和挎包上分别单击鼠标，若一笔不行，再继续单击鼠标，直到帽子和挎包的影调暗下来满意了。

在工具箱中选择海绵工具，这是一个控制色彩饱和度的工具，海绵的意思是吸收或者挤出颜料。

在上面选项栏中的模式下拉框中设置去色，其他参数默认。

用笔刷反复涂抹或者单击游人色彩鲜艳的上衣，可以看到鲜艳的洋红色逐渐被减弱了。

颜色的饱和度虽然减弱了，但感觉衣服的影调还是偏亮。在工具箱中选择加深工具，然后将上面选项栏中的范围设置为高光，并设置合适的笔刷直径和最低的笔刷硬度。用加深工具涂抹游人的衣服，可以看到衣服的影调被压暗了。

压暗后的衣服并不满意，需要将这个局部图像恢复重新做。

也可以再换另一种方法来做。

在工具箱中单击前景色图标，打开拾色器，选择一个很暗的暗红色作为游人的衣服，然后单击“确定”按钮退出。

在工具箱中选择画笔工具，然后在图像中单击鼠标右键，在弹出的笔刷面板中设置合适的笔刷直径和最低的硬度参数。

用画笔在游人的衣服上涂抹暗红色，注意必须一笔涂抹。也就是说，在涂抹衣服的时候按住鼠标不能松开，一次把要涂抹的衣服涂抹完成。

选择“编辑\渐隐画笔”命令，在弹出的“渐隐”对话框中，打开模式下拉框设置为“变暗”，再将不透明度滑标逐渐向左移动，降低不透明度，看到衣服的暗红色与整个片子的影调相符了，然后单击“确定”按钮退出。

在工具箱中选择加深工具，设置范围为“中间调”，并设置合适的笔刷直径，然后进行涂抹，将游人裤子的影调适当加深压暗。再选择海绵工具，设置模式为“去色”，在游人裤子部分涂抹，将裤子颜色的饱和度也适当降低。

现在看起来，游人的影调和颜色不再抢眼了，这就有利于突出前面的主体人物了。

处理环境影调

为了突出主体人物，还需要适当压暗周围环境。

在工具箱中选择加深工具，将选项栏中的范围设置为“中间调”，并设置较大的笔刷直径和最低的硬度参数。

用加深工具在图像最右侧的石柱部分涂抹，看到柱子右侧被压暗了，但是感觉暗处偏灰。

将选项栏中的范围设置为“阴影”，将画笔再向右移动一些，从上到下涂抹过来，这样就使得石柱的影调不仅压暗了，而且立体感也出来了。

继续用这个加深画笔在画面的最左侧和最上边适当涂抹，这样压暗画面的外边部分，就更突出了画面中的主体人物。

处理眼神光

用放大镜将图像局部放大，专门来处理主体人物的眼神光。

在工具箱中选择减淡工具，将上面选项栏中的范围设置为“高光”，并设置非常小的笔刷直径参数，然后在人物的眼神光上单击鼠标。再将范围设置为“中间调”，再次单击眼神光。这样不仅提亮了眼神光，而且使眼神光不生硬。

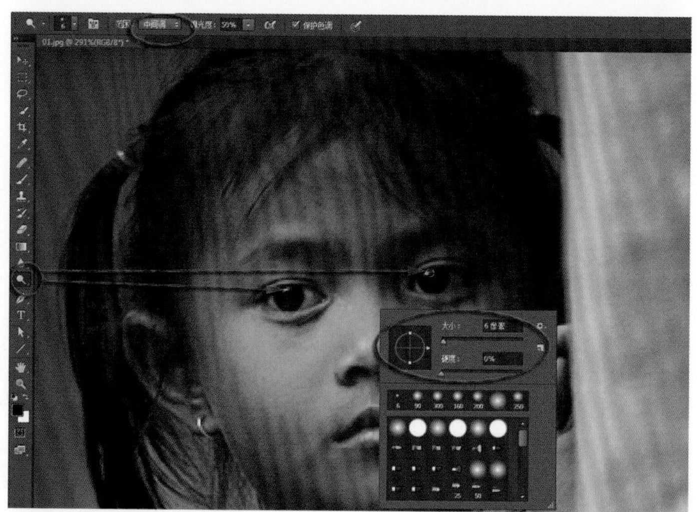

如果对某个局部不满意

整体观察图像，不断调整各个部分的影调和色调。

如果对某个涂抹过的局部不满意，可以恢复。

在工具箱中选择橡皮擦工具，在上面选项栏中的“抹到历史记录”前点钩，然后在需要恢复的地方涂抹，被涂抹的地方便可恢复到图像的初始状态。

最终效果

画面中主体人物突出了，神态更加生动了。回来反复看这张照片，孩子失望的眼神让我很后悔，唉！真应该给她一美元买下那小物件。以至于后来每次看到这张片子都令我自责。

直接修饰工具主要是用来处理图像中某个局部的影调和颜色的，并不适合处理整体照片。

而使用几个直接修饰工具处理照片，这样操作可以不必将软件学得太深，但是却需要非常扎实的摄影和绘画基本功。选项栏中参数的设置，以及画笔的设置和使用，更多的是熟能生巧，但对画面影调关系的控制可不是一年半载的时间就能把握得了的。

修饰人像瑕疵 02

人像照片往往都会存在一些瑕疵。这些瑕疵要么是被摄人自身的，要么是摄影师的拍摄造成的，也可能是相机的脏点或者环境的光影条件形成的。对于照片上的这些瑕疵，从唯美的角度讲，还是做相应的修饰为好。熟练地用好各种修饰工具，能够还模特一张美丽的容貌，大家都高兴，何乐不为呢？

准备图像

打开随书赠送学习资源中的02.jpg文件。

这是一张人像照片截取的局部图像，这里为大家提供的是较高分辨率的素材图，为的是增加练习操作中的实际感觉。选这张照片不是因为照片本身拍得如何，纯粹是为了把各种修饰工具能集中在这个实例中讲述。

污点修复画笔工具

姑娘挺漂亮，只是脸上有许多“青春的逗号”。对于照片上相对独立的点，用污点修复画笔来做比较好。

在工具箱中选择污点修复画笔工具，在图像中单击鼠标右键，在弹出的画笔面板中设置合适的笔刷直径和最低的硬度参数。注意画笔直径要比修饰的点尽量大一些。

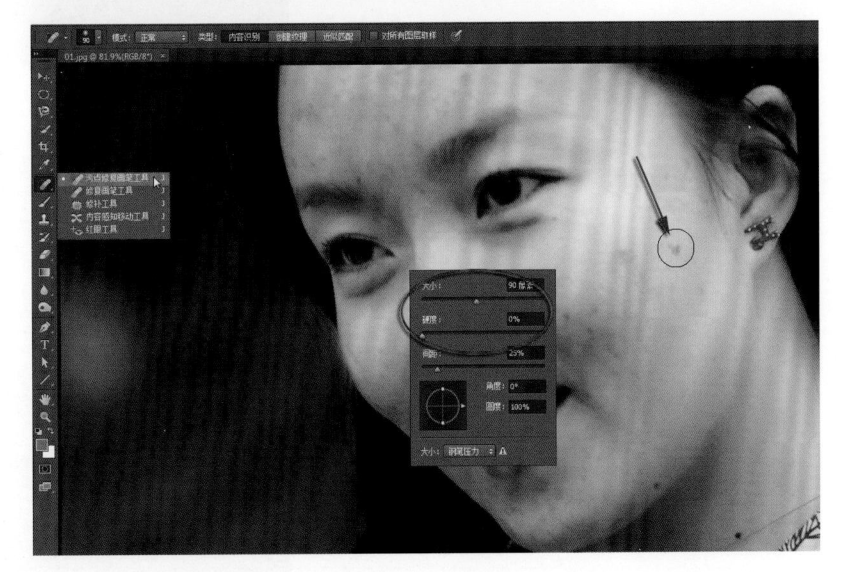

在想要修复的点上单击鼠标，可以看到小痘痘没有了。

这个工具是将画笔范围内的图像做综合处理，把画笔圆圈内特殊影调的部分融合掉，因此画笔的直径参数直接影响到涂抹后的效果。

可以尝试设置不同大小的笔刷直径单击去除污点。

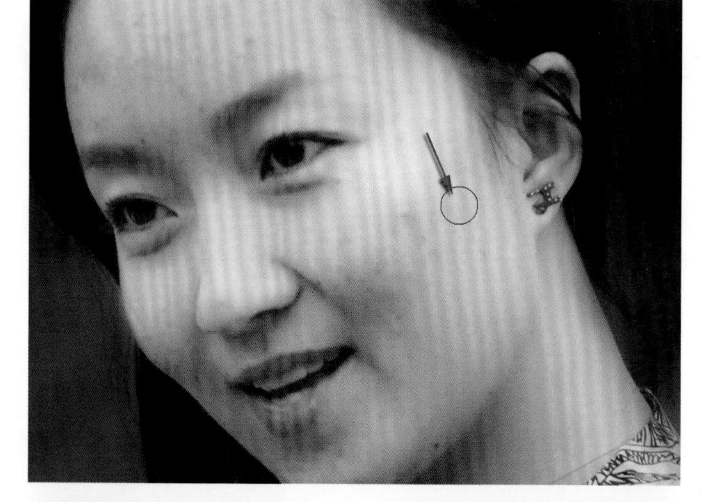

也可以用这个污点修复画笔在需要去除多个污点的地方涂抹一块面积。抬起鼠标，可以看到涂抹之后，这块面积去除污点的效果也很不错。

注意要躲开有清晰边缘的地方。

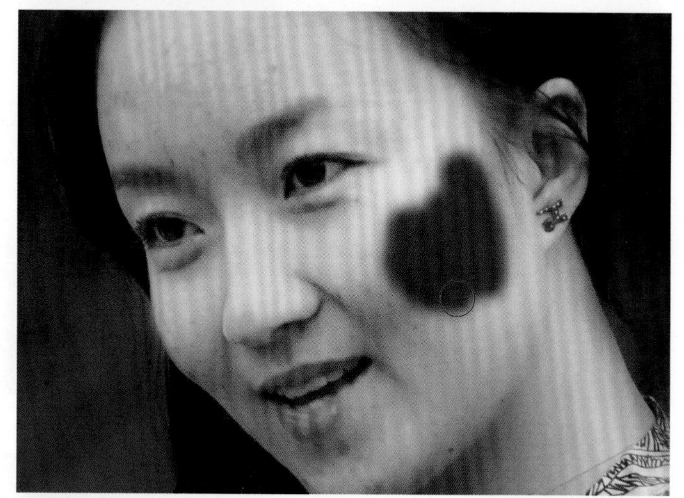

但是在有些地方，用这个污点修复画笔涂抹，效果就不行了。原因是在有清晰边缘的地方，会将边缘的形状线破坏。因此，污点修复画笔适合在面积较大的地方去除较小的点状瑕疵。

创可贴工具

在工具箱中按住污点修复画笔工具图标，在弹出的隐藏工具中选中第二个修复画笔工具。

使用修复画笔工具也要先设定笔刷直径和硬度参数，还要先做取样。

在脸部选一处与要修复的地方相似的好皮肤，按住Alt键，出现十字靶心图标，此时在好皮肤处单击鼠标，即可完成取样。

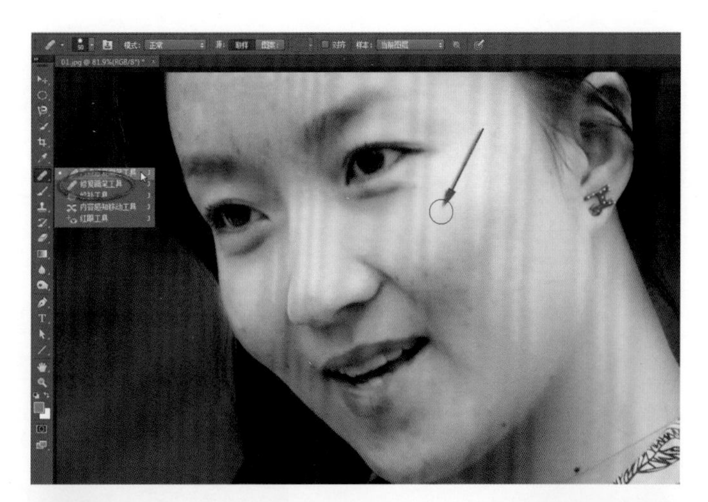

将光标放到要修复的地方，按下鼠标，可以看到刚才的取样点出现了一个十字，当前按下鼠标的地方的瑕疵被取样点的好皮肤所覆盖。

这个修复画笔工具的图标是一个创可贴的样子，因此俗称该工具为创可贴。而生活中的创可贴就是用来处理很小的伤口的，这就是这个工具使用的道理。

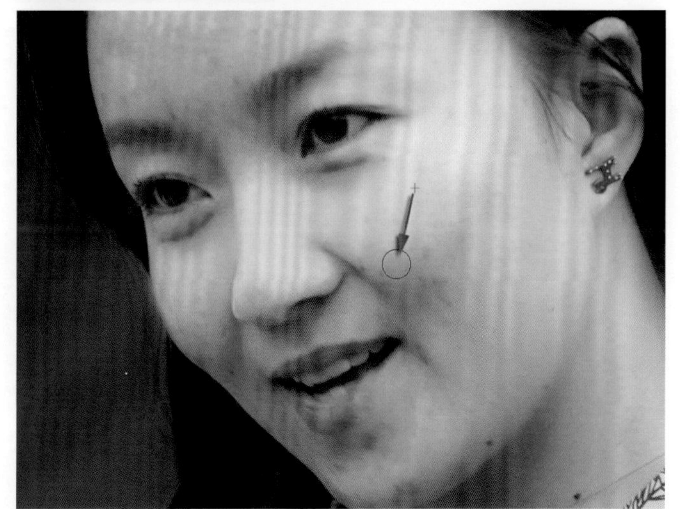

使用创可贴工具不断在需要修复的地方单击鼠标，或者涂抹一块面积，将取样点的好皮肤复制到当前要修复的地方，修复的效果看起来很不错。

这个工具与橡皮图章工具最大的不同是在复制取样点的同时，它能够与目标位置的图像做很好的融合，而不是直接覆盖，这样就尽可能保留了当前修复位置原来的纹理。

修补工具

如果需要做大面积的修复，可以使用修补工具。在工具箱中按住创可贴工具图标，在弹出的隐藏工具中选中第三个修补工具。这个工具的图标非常形象，就是一块带针脚的补丁样子。

用修补工具在需要修复的较大面积部分划出一个选区。

将光标放在选区中，按住鼠标移动选区到脸部完好的皮肤位置，松开鼠标，可以看到好皮肤被复制到当前选区，而且融合得很不错。

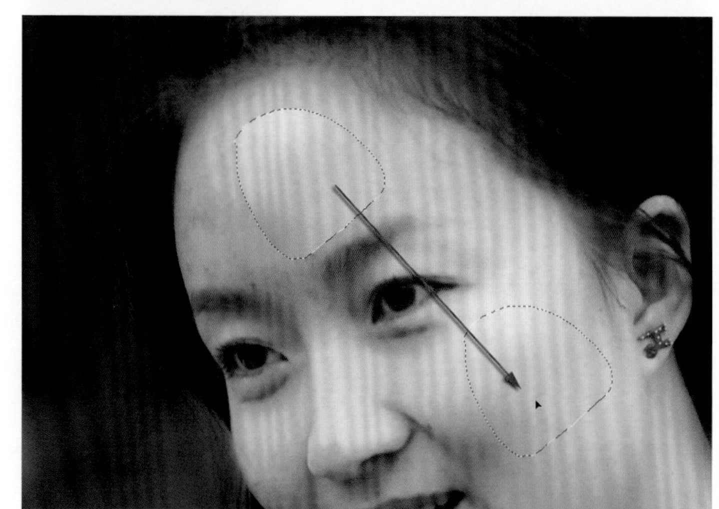

当然，划定修补选区的时候，要考虑到作为目标填充的部分是否够用。例如，做这个脑门皮肤的修复，在使用修补工具的时候也要分成两块来做，因为没有一块好皮肤能一次完全覆盖脑门的面积。如果修补设置得过大，就会把其他不需要的内容也补进来了。

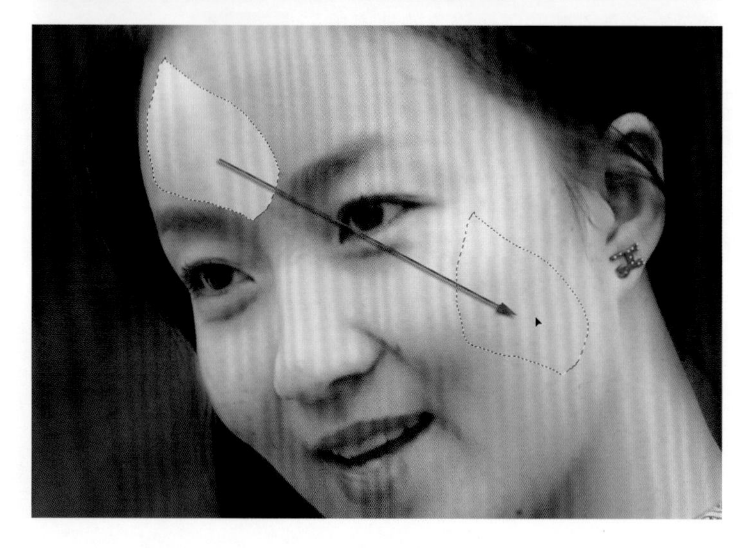

局部调清

拍摄这张片子的时候，合焦点过远，大光圈小景深，造成画面近处部分不够清晰。

先将人物发际处适当调整清晰。在工具箱中按住模糊工具，在弹出的隐藏工具中选中锐化工具，设置较大的笔刷直径和最低的硬度参数，强度为100%，然后用锐化工具在人物的发际部分一笔涂抹过来。可以多涂抹几笔，但要适可而止，因为涂抹多了会产生很严重的噪点，损害图像质量。

感觉脸部的边际线不够清晰。如果用锐化工具去涂抹脸部的边际线，反而会弄巧成拙。

在工具箱中选择磁性套索工具，在上面选项栏中设置1到2像素的羽化值，然后在脸部的边际线建立一个大致的选区。

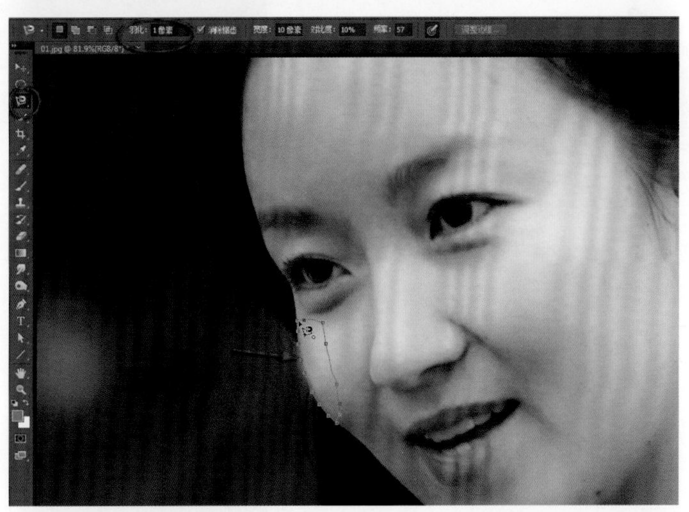

在刚才的锐化工具里面还有一个特殊的涂抹工具。选中涂抹工具后设置合适的笔刷直径和最低的硬度参数。

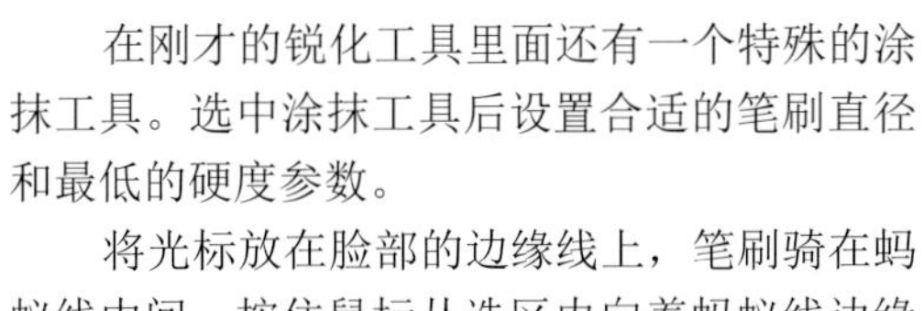

将光标放在脸部的边缘线上，笔刷骑在蚂蚁线中间，按住鼠标从选区内向着蚂蚁线边缘稍移动一点点，就那么一点，再把选区内的皮肤向蚂蚁线挤一点点。注意要沿着蚂蚁线一点一点做。

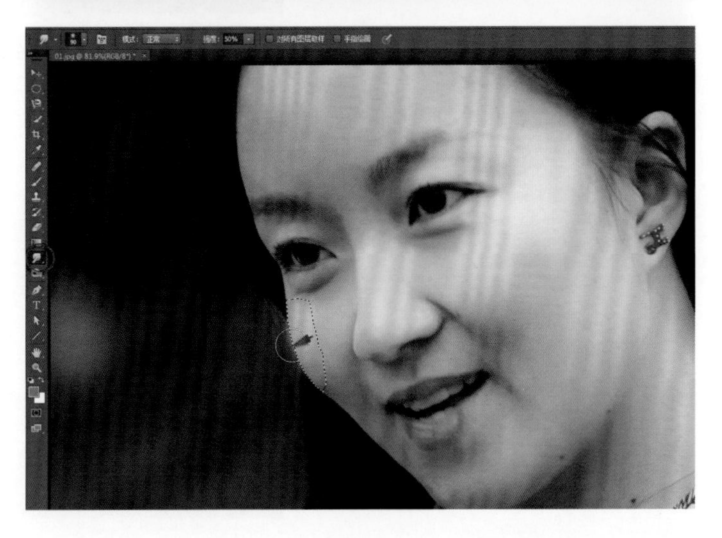

做完了里面再做外面。选择“选择\反选”命令将选区反选，继续用涂抹工具的笔刷沿着脸部边际线从外向里挤，注意要一点一点挤。

按Ctrl+D组合键取消选区，可以看到这个局部的脸部边际线果然清晰了。

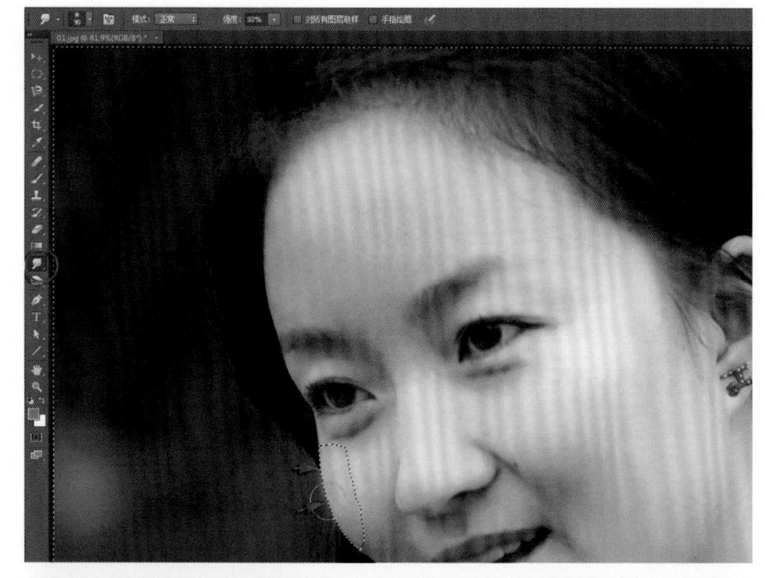

用同样的方法继续处理五官的其他位置。当然要处理的一定是边缘非常明确的有单边的地方，而眉毛、头发这样的地方是不能这样做的。

将图像局部放大，在眼睛里面瞳仁与眼白的边缘建立精细选区，然后用涂抹工具做细微的推挤，让眼睛变清晰一些。

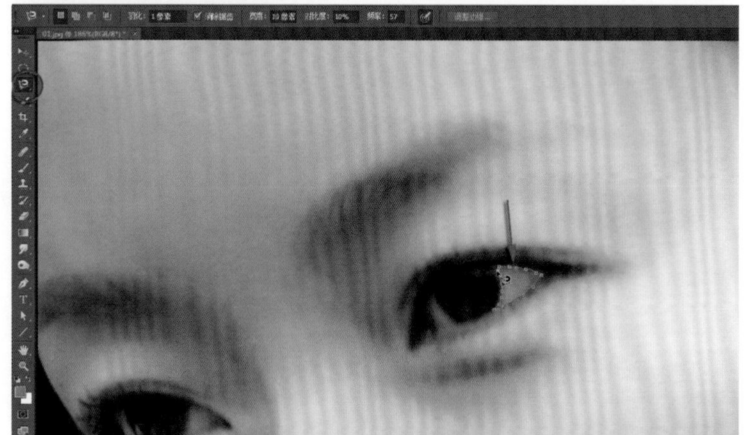

用套索工具在鼻头部分沿着边缘建立选区，用涂抹工具对鼻头的边缘做推挤涂抹。注意，只能涂抹选区中鼻子边缘明确的这一边。笔刷的大小要适当，大了就把皮肤都推跑了，小了会留有笔触痕迹。

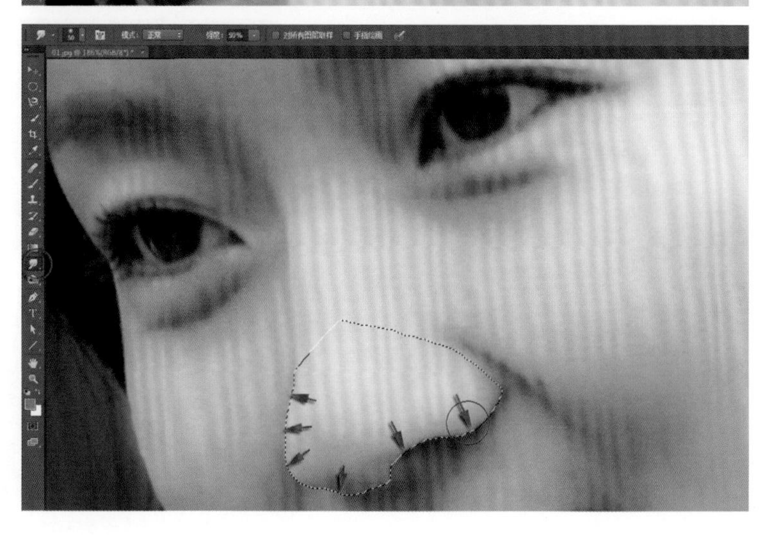

局部压暗

环境背景中有一个亮点过于抢眼，应该适当压暗。尝试用加深工具做涂抹，却总是在笔刷周边留有痕迹，于是改用橡皮图章工具来做。

在工具箱中选择橡皮图章工具，设置合适的笔刷直径和最低的硬度参数，然后在要覆盖的亮点旁边选择合适的地方，按住Alt键，单击鼠标，完成取样。

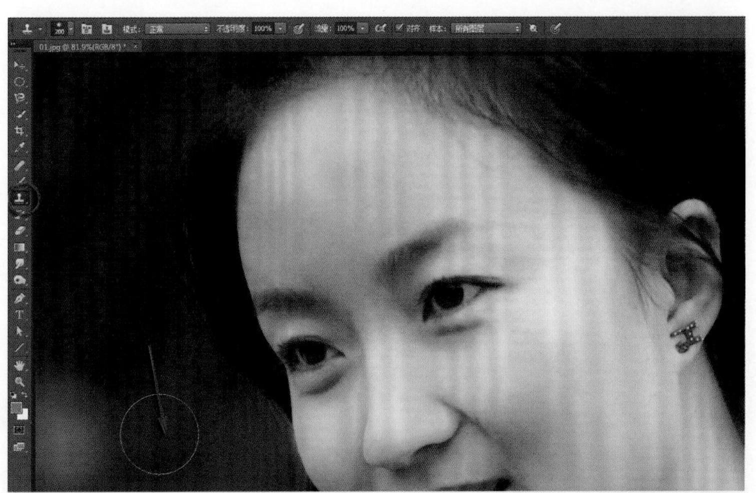

将光标放到要覆盖的亮点位置，按住鼠标涂抹亮点，可以看到取样点出现十字坐标，取样点的图像被复制到当前位置，覆盖了亮点。

橡皮图章工具是直接将取样点图像覆盖到目标位置，取样点的图像与当前目标位置的图像不做融合。这是橡皮图章工具与创可贴工具的最大不同。

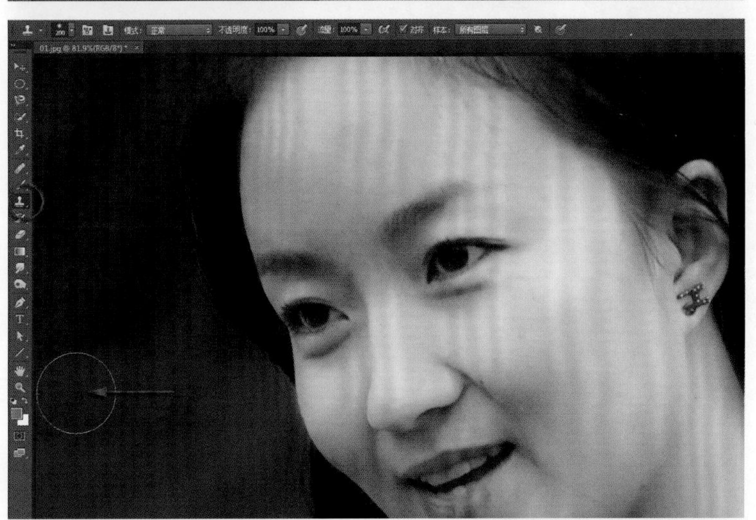

要点与提示

修复画笔工具俗称创可贴工具，它与污点修复画笔工具都是专门用来修复画面小的瑕疵的。

修补工具俗称补丁工具，是专门用来修复大面积瑕疵的。

这些都是修复人像瑕疵最常用的工具，用好这几个工具，可以很好地改善人像的视觉效果。掌握这几个工具的使用方法并不难，而在实际工作中则需要相当的细心与耐心。

打造魔鬼身材 03

现在给美女拍片子，她们都要求表现最美的身材，捷径就是用软件打造魔鬼身材。实际上，我并不赞成这种改变照片元素的后期处理方法，但是也不得不承认，这样的做法迎合人们的个人喜好，在商业广告形象中也很受欢迎。其实在Photoshop中做局部图像变形，用的就是一个“液化”命令，效果很好，操作简单，但技术含量并不高。

准备图像

打开随书赠送学习资源中的03.jpg文件。

在室内拍环境人像，模特感觉很不错。但看到这张片子，总觉得美女的身材还应该更完美。打造魔鬼身材，就是挺胸、收腹、提臀、束腰、细膊、长腿、瘦脸。下面我们就一项一项来做吧。

挺胸、收腹

在图层面板上，将背景层用鼠标拖到下面的建立新图层图标上，复制成为一个背景副本层。在复制的图层上做图像处理，以防处理操作失误毁了原图。

用矩形选框工具，在需要处理的地方建立一个稍大一点的选区。因为液化滤镜需要很大的内存，因此限定局部区域可以有效降低计算机的工作量。

选择“滤镜\液化”命令，打开液化对话框。

在打开的液化对话框中，在左侧工具栏中先用最下面的放大镜工具单击中间画面，将操作区域放大到基本充满画面。

在左侧工具栏最上面选中“向前变形工具”，在右侧参数区设置所需的画笔大小和画笔压力（最高100）参数。

将画笔中心放在前胸，按住鼠标向前移动到合适位置，看到前胸隆起了。这与画笔参数设置是否合适，以及画笔的起点位置有直接关系。

用“向前变形工具”继续做收腹。将画笔放在凸起的小腹外侧，按住鼠标按照光影的方向向内移动鼠标，看到腹部向内收了。

要按照光影的方向做局部图像的移动，不能按住鼠标直接向内做横移，因为那样会使光影发生变形，不符合光影的实际情况。

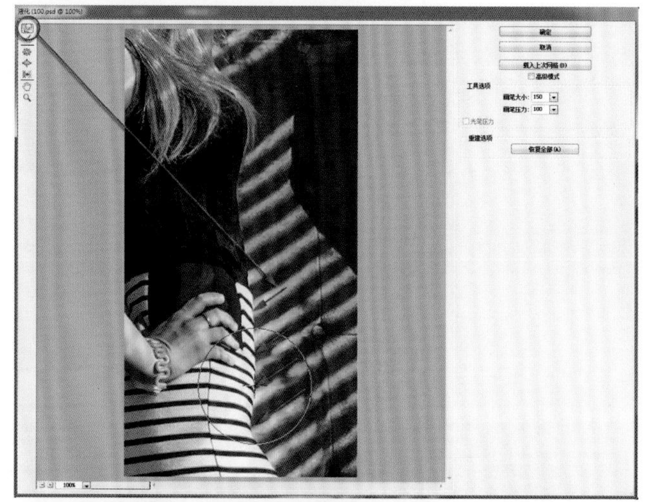

收腹之后，人物的手指也向内收，产生了变形，看起来不舒服了。在左侧工具箱中选中“重建工具”，适当缩小画笔的直径参数，让画笔直径与手指相当。

将光标放在手指处上下涂抹，看到这部分被变形的图像又恢复了初始状态。这就做到了既收腹，又保持手指不变。

一定要注意，使用画笔涂抹的方向对局部变形的效果有影响。如果涂抹的方向不是顺着光影的斜向投影涂抹，就会使光影的投影产生横向变形，这就露出破绽了。

满意了，就按“确定”按钮退出。

提臀

现在看到人物挺胸收腹，身材的线条真的好看了。

再来做提臀。用矩形选框工具在图像中人物的下半身建立一个大致的选区。

选择“滤镜\液化”命令。

在弹出的液化对话框中，先用放大镜工具单击画面，将要处理的画面放大到充满对话框。

在对话框左侧工具箱的最上面选中“向前变形工具”，在右侧参数区设置合适的画笔直径参数，然后在图像中用鼠标按住臀部上部，适当向外移动。注意一定要按照服装的条纹方向移动哦！

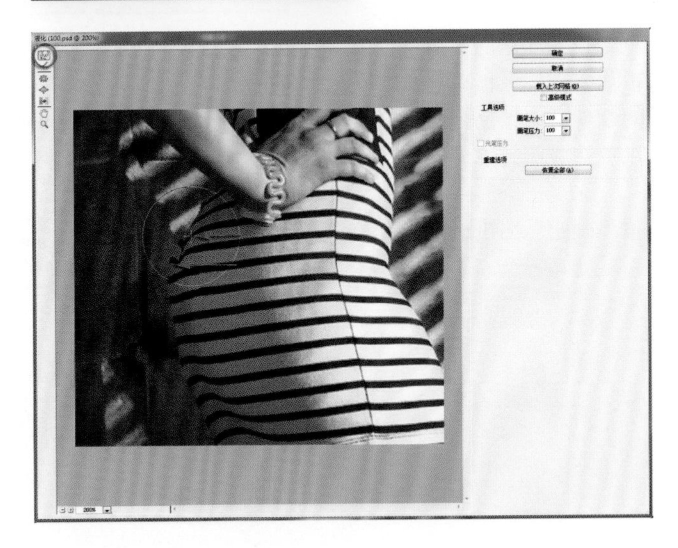

将光标放在臀部稍低的位置，按住鼠标向内移动，将下臀部适当向内收。

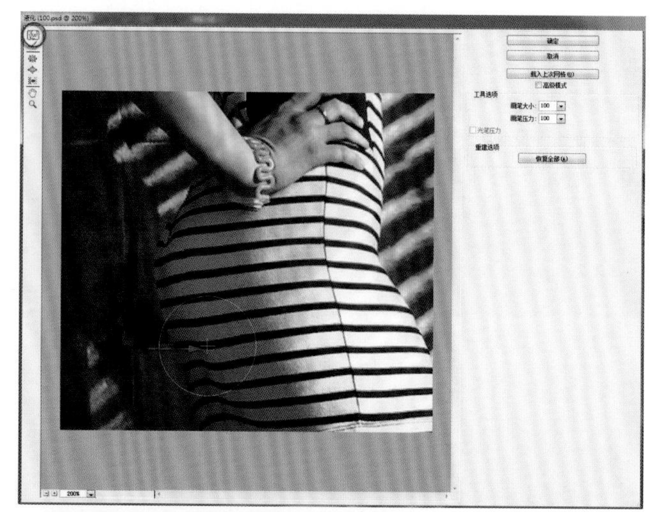

将光标放在大腿跟后部，按住鼠标适当向内移动，这样就使臀部提高了。注意服装条纹随体型而出现的变化，画笔的起点位置对条纹的变化有重要作用。因此，要保证形体的合理和舒服，需注意画笔的起点和移动方向、移动距离，不能随意涂抹。

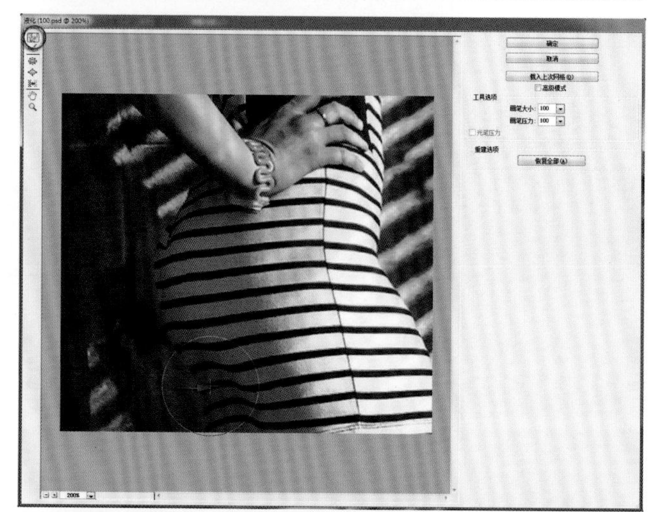

所谓提臀，就是按照理想的曲线来塑造一个造型，并不是按住臀部向上移动。在这里，还是要按照服装的纹理方向做鼠标的移动，不能随意做涂抹，以免造成服装纹理的变形不符合实际的情况。

满意了，就按“确定”按钮退出。

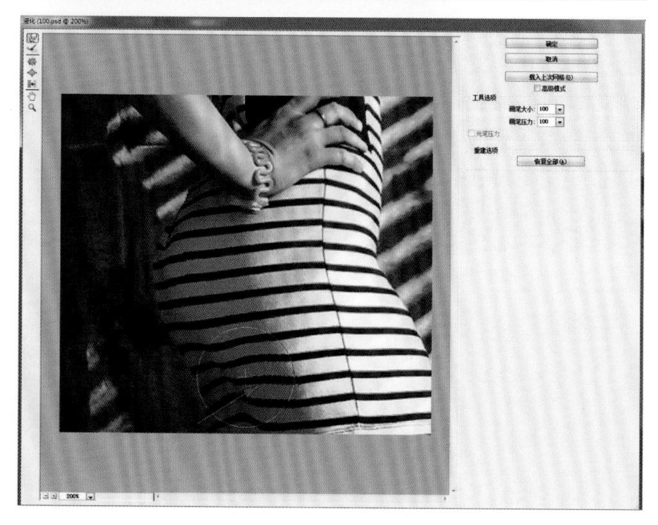

束腰、细膊

感觉腰和胳膊都显粗，那就再来做束腰、细膊。

在后腰和胳膊的大致位置建立选区，选择“滤镜\液化”命令，进入液化对话框，先用放大镜将操作区域的图像放大。

想让腰变细点儿，用“向前变形工具”将腰的边缘向内推，但是发现旁边的手臂也变形了。

按住Alt键，单击右上角的“复位”键，图像恢复到初始状态。

在右侧参数区单击“高级模式”选项打钩，发现左侧的工具箱中增加了很多新的工具。

选中“冻结蒙版工具”，设置合适的笔刷直径参数，然后用冻结蒙版工具涂抹手臂，这部分被涂抹的图像将被保护性“冻结”。

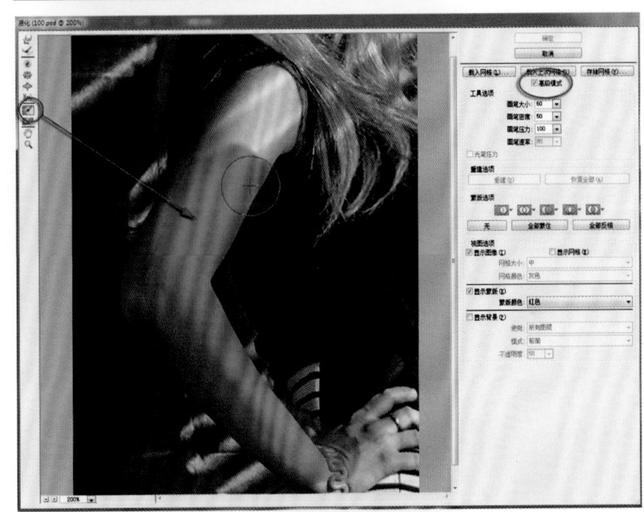

如果涂抹的冻结区域不符合要求，超出了范围，可以在工具箱中选择“解冻蒙版工具”，小心涂抹需要保护的区域，将来这些被涂红的地方是不会变形的。

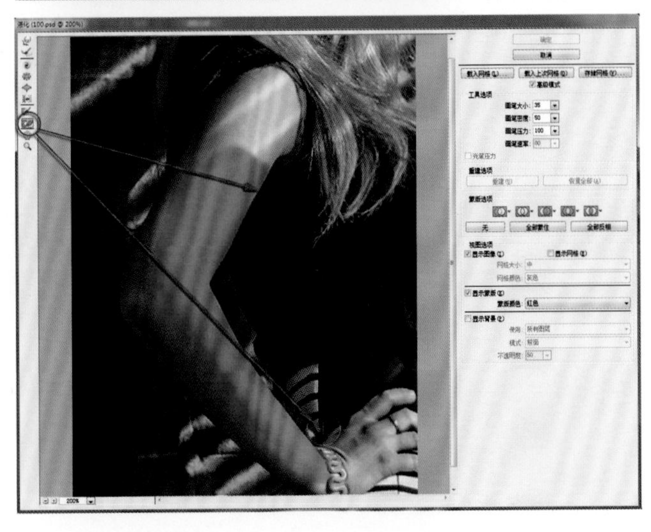

再次在工具箱中选中“向前变形工具”，设置合适的画笔直径参数。现在将光标放在手臂旁边，按住鼠标向上推腰际线，手臂不再变形了，束腰的目的达到了。

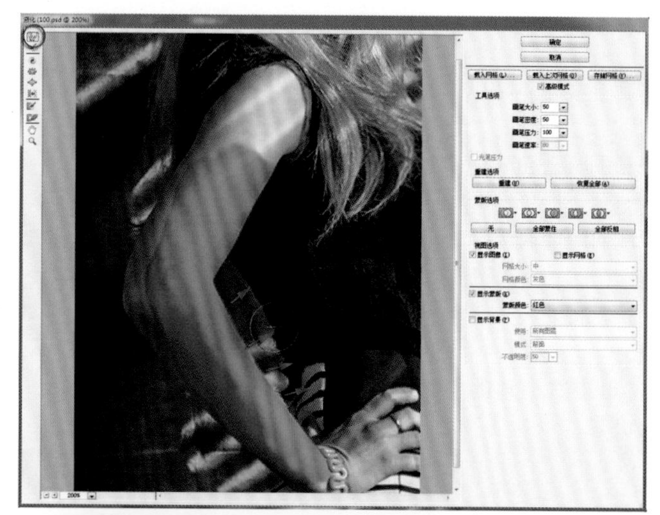

用“解冻蒙版工具”将涂抹手臂的红色冻结区都涂抹掉，再用“冻结蒙版工具”将手臂旁边的腰际线涂抹成红色冻结住。这样才能在做细膊的时候不影响到腰际线。

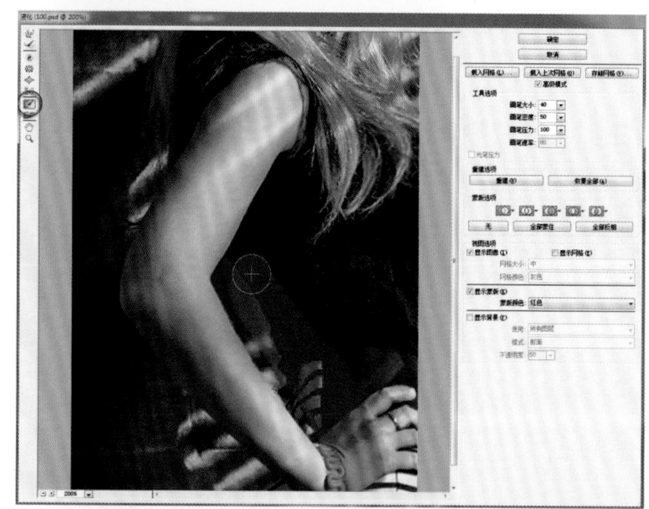

在工具箱中选择“向前变形工具”，设置合适的画笔直径参数，然后沿着手臂的外边缘，用鼠标一点一点将手臂向内推。适当即可，千万不可过度。骨骼是不变的，只是稍稍改变肌肉。

束腰、细膊完成，满意了就单击“确定”按钮退出。

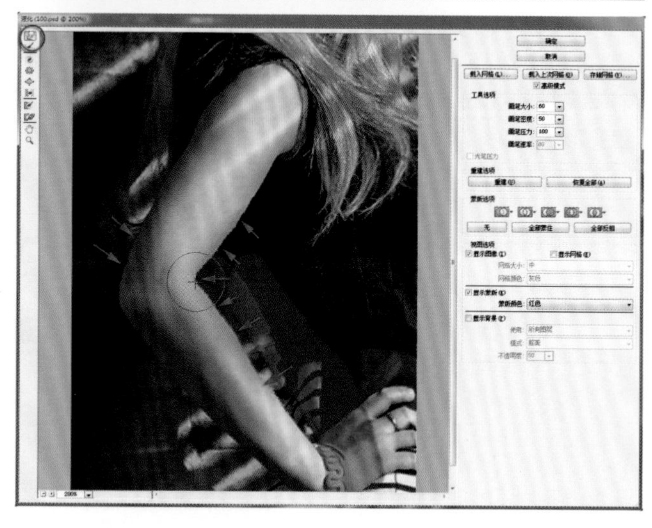

瘦脸

现在的美女都追求“小V脸”。

用矩形选框工具在人物脸部建立相应的选区，然后选择“滤镜\液化”命令，进入液化对话框，用放大镜单击中间的图像，将脸部放大到充满桌面。

其实模特圆圆的脸挺漂亮的，但先满足她们的要求吧！

还是用“向前变形工具”按住脸部腮边缘向内推移，要一点一点地多点推移。按照模特最标准的“小V脸”的脸型模式，将人物的脸型液化变为希望中的脸型。

满意了，就按“确定”按钮退出。

最终效果

现在看美女已经是标准的模特魔鬼身材了。实际上，本例中只使用了液化命令的一般操作，技术含量并不高。这样打造人体曲线，并非随意推移涂抹，而是要符合人体结构解剖要求，必须知道肌肉是可以变的，而骨骼是不能变的，否则就不是其本人了。

用液化命令打造模特的优美魔鬼身材，这大概是很多平面广告形象的需要，而不是纪实摄影的理念。我们尤其反对用这样的方法恶搞他人的形象。

巧手换金秋 04

环境人像中，环境的影调和色调是衬托人像的重要元素。如果环境颜色不满意，可以做颜色替换。替换颜色不是随意做，而是让环境颜色为人物服务。从理论上讲，替换颜色是以色轮关系为依据的。关于色轮关系，在《老邮差数码照片处理技法 色彩篇（修订版）》中有详细的讲述。

准备图像

打开随书赠送学习资源中的04.jpg文件。

美女想拍一张北京的秋景，可是来的那天偏赶上大阴天，也只能就这样拍了。清冷的环境使人像显得冷飕飕的。

我心里有数，回来再替换颜色吧！

替换颜色

打开图层面板，在最下面单击创建新的调整层图标，在弹出的菜单中选中“色相/饱和度”命令，建立一个色相/饱和度调整层。

在弹出的“色相/饱和度”面板中，打开颜色通道下拉框，先选中黄色，因为调整绿色的树叶主要靠黄色控制。

将饱和度滑标向右移动，提高黄色的鲜艳度。并且将色相滑标向左移动，看到黄色逐渐被替换变成了红色。注意要适可而止。

再打开颜色通道下拉框，选中绿色。将饱和度滑标向右移动，提高绿色的鲜艳度。并且将色相滑标向左移动，看到绿色逐渐被替换变成了黄色。

图像中原来的绿色替换成了黄色，而黄色替换成了红色。

再打开颜色通道下拉框，选中红色。红色不能再替换成其他颜色，只是将饱和度滑标向右适当移动，提高红色的鲜艳度。

最后，打开颜色通道下拉框，选中全图，将饱和度参数稍稍提高一点。

现在看图像中环境的颜色已经很符合浓烈的秋色气氛了。但是，树叶的颜色被替换之后，发现人物皮肤的颜色也被替换了，幸亏人物的衣服是黑白的，否则也会被替换成为其他颜色。

修复局部图像

图像中替换颜色后，树干也成了红色，需要修复回来。

在工具箱中选择画笔工具，然后在图像中单击鼠标右键，打开笔刷设置面板，设置与需要涂抹的树干相同的笔刷直径，以及最低的硬度参数。

设置前景色为黑色。当前刚做完调整层处理图像颜色替换，还处于蒙版操作状态下。

用黑色画笔涂抹需要修复的树干，注意一定要一笔涂抹完成，中间不能抬起鼠标。

可以看到涂抹过的地方，颜色恢复到初始状态，在图层的蒙版上也可以看到涂抹了一条黑色，蒙版将这里调整的颜色遮挡了。

涂抹这一笔后，树干的颜色恢复了初始状态，但是感觉又有点过了，似乎还是稍微留一点红色为好。

选择“编辑\渐隐画笔”命令，在弹出的“渐隐”对话框中将不透明度滑标向左移动，看到树干中的红色与周围环境颜色气氛相符了，单击“确定”按钮退出。

还要逐一涂抹其他树干，每次都要调整画笔直径以适应树干的大小粗细。每次涂抹树干都必须是一次涂抹完成，然后打开“渐隐”对话框，降低不透明度参数，让树干的颜色满意。

打开“渐隐”命令的快捷键是Ctrl+Shift+F。

然后再将人物的脸、手臂和腿也涂抹出来，让人物皮肤恢复到初始状态。

这样替换图像颜色也可以直接使用“图像\编辑\色相/饱和度”命令来做，但是要想让人物皮肤恢复到初始状态，就要用橡皮擦工具来实现了。

而使用调整层来做图像处理，一个是蒙版涂抹的区域可以随意控制，另一个就是调整的效果可以反复修改。

在图层面板上双击当前调整层图标，可以再次打开“色相/饱和度”调整面板，重新设置参数。还可以在面板下边的彩色条中间移动色域滑标，以控制替换颜色的色域。用这样的方法，可以精确控制将上面彩条中的什么颜色替换成下面彩条中的什么颜色。

替换颜色也不是随意换，要按照色轮关系来考虑替换颜色，通常是在色轮上转动60度效果最好。也就是说绿替换为黄，黄替换为红，红替换为品，以此类推，这是效果最好的。如果将色轮转动180度替换颜色，如将红替换为青，则图像质量损失会很大。

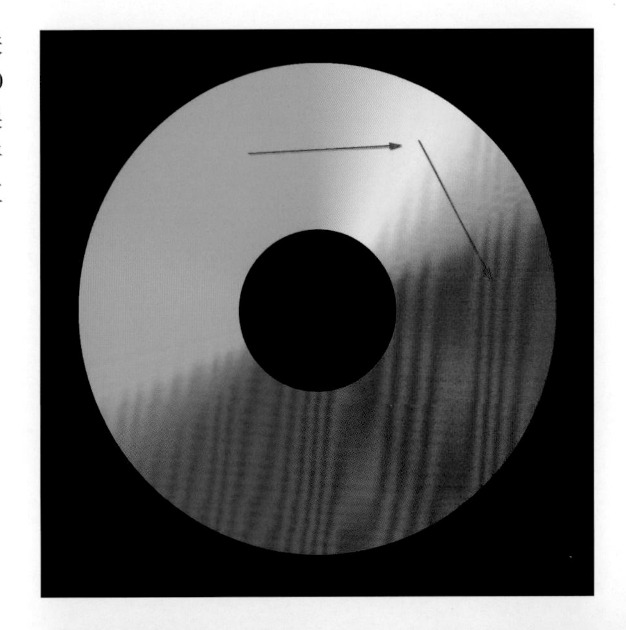

最终效果

替换颜色后，红叶铺地，秋色浓烈，这样的秋色令人陶醉。正是在这样的环境中，人像也更令人兴奋，表达了人与景之间的关系，这种人与景的关系，应该是相辅相成，相互促进的。

调整影调创造气氛 05

在环境人像中，一般来说，人物是主体，环境是陪衬。调整环境人像的影调，关键是处理好主体与陪体的影调关系。处理的目标就是突出主体人物，让环境起到舒适和谐的衬托作用。大多数情况下，适当提亮人物，压暗环境，都会得到很好的效果。

准备图像

打开随书赠送学习资源中的05.jpg文件。

在晨光中的海边，女孩面向朝阳轻松地靠在渔船边，拍摄了这张人像照片。天空已经比较亮了，比主体人物要亮。人物形象不错，但不够突出，片子的整体气氛远没有达到心里想要的那种感觉。

调整基本影调

首先尝试调整基本影调。

在图层面板最下面单击创建新的调整层图标，在弹出的菜单中选择“色阶”命令，建立一个色阶调整层。

在弹出的“色阶”面板上，看到直方图右侧稍缺。将白场滑标向左移动到直方图右侧起点位置，现在图像的影调已经是正常的全色阶了。

但是，仍然觉得人物没有那种生动鲜亮的感觉。所以我想提亮人物，压暗环境。

建立人物选区

要提亮人物，就要先获取精细的人物选区。为此，要加大人物与天空的反差。

在图层面板最下面单击创建新的调整层图标，在弹出的菜单中选择“曲线”命令，建立一个曲线调整层。

在弹出的“曲线”面板中，选中直接调整工具，然后按住云彩向上移动，按住渔船向下移动，曲线上产生相应的控制点，将曲线调整为强烈的S形。图像加大了反差，人物与天空影调的区别很明显了。

我们不是要把图像调整为这个效果，而是要通过加大反差获得所需的选区。

打开通道面板，分别观察红、绿、蓝单色通道，可以看到蓝色通道反差最大，人物与天空的边缘很明显。

将蓝色通道拖曳到通道面板最下面的创建新通道图标上，复制蓝色通道为蓝副本通道。

还要继续加大反差。

按Ctrl+M组合键打开曲线对话框。在对话框下面选中白色吸管，在图像中单击云彩，以此为白；选中黑色吸管，在图像中单击人物的灰色部分，以此为黑。看到曲线变化进一步强化了反差。

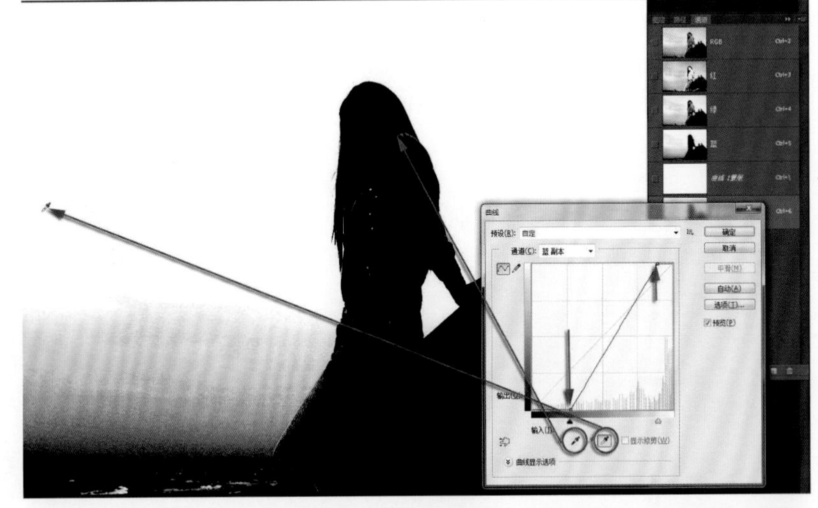

还需要对人物部分做精细修饰。

在工具箱中选择画笔工具，设置前景色为黑色。在图像中单击鼠标右键，在弹出的画笔面板中设置合适的笔刷直径和影调参数。

用黑画笔将人物部分都涂抹成为黑色。将最下面的海浪和渔船也都涂抹成为黑色。天空的灰度部分不要动。

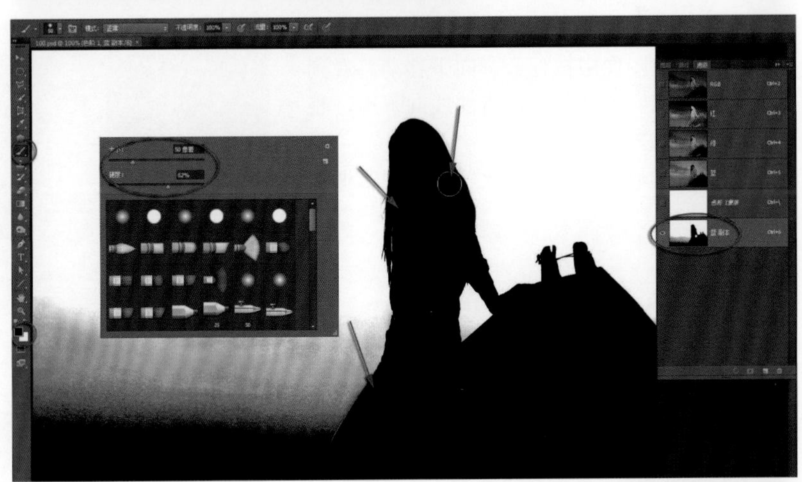

现在人物与天空的区别很清晰了。在通道面板最下面单击载入选区图标，看到蚂蚁线了。

在通道面板最上面单击RGB复合通道，看到彩色图像了，看到RGB三个颜色通道也处于选中激活状态了。

调整环境影调

回到图层面板，蚂蚁线还在。

关闭刚才建立的色阶和曲线两个调整层，图像恢复到初始状态。

在图层面板最下面单击创建新的调整层图标，在弹出的菜单中选择“曲线”命令，建立一个新的曲线调整层专门来做环境的影调调整。

在弹出的“曲线”面板中，选中直接调整工具，然后在图像中按住云彩向下移动，看到曲线上产生相应的控制点，将曲线向下压，整个环境都暗下来了。

在蒙版的遮挡下，主体人物和船的影调都没有动。

感觉图像左下角的部分太暗了，远景显得压抑了。

在工具箱中选择画笔工具，设置前景色为白色，在上面选项栏中设置较大的笔刷直径和最低的硬度参数，然后用白色画笔在图像左下角部分涂抹一笔，这部分的影调恢复到初始状态。

注意涂抹要一笔完成，中间不要抬起鼠标。

选择“编辑\渐隐画笔”命令，在弹出的“渐隐”对话框中，将不透明度滑标向左移动，看到刚刚涂抹的程度在逐渐减弱。看到这部分的图像影调满意了，单击“确定”按钮退出。

调整人物的影调

再来调整主体人物的影调。人物的选区可以从刚才调整层的蒙版中载入。

按住Ctrl键，用鼠标单击当前层的蒙版，看到蚂蚁线了。在图层面板最下面单击创建新的调整层图标，在弹出的菜单中选中“曲线”命令，建立一个新的曲线调整层。

需要注意的是，根据当前选区建立的蒙版是控制环境的，与我们要调整的人物选区正相反，因此要将选区反选。要么在看到蚂蚁线后，选择“选择\反向”命令，反向选区后再建立调整层。要么在建立了调整层后，按Ctrl+I组合键将蒙版做反相。

在弹出的“曲线”面板中，选中直接调整工具，然后在图像中按住人物脸部向上移动鼠标，看到曲线上产生相应的控制点也向上移动抬起曲线，人物亮了。船和左侧的云也需要适当地提亮一点，用鼠标按住它们稍稍向上移动，看到相应的曲线控制点向上抬起曲线。按照这样的方法调整，直到主体人物影调满意了。

感觉船似乎太亮了。在工具箱中选择画笔工具，设置前景色为黑色，并设置合适的笔刷直径和最低的硬度参数，然后用黑画笔在船的下部适当涂抹，让船的下部暗一点，这样有利于突出人物。

左侧的云影调太重，显脏。

在工具箱中选择画笔工具，设置前景色为白色，并设置较大的笔刷直径和最低的硬度参数，然后用白画笔在左侧云彩部分涂抹，看到云彩亮度有所提高，不再沉重压抑。

调整天空的影调

感觉天空的影调缺少变化，过于平淡了。

在图层面板最下面单击创建新的调整层图标，在弹出的菜单中选中“曲线”命令，再建立一个新的曲线调整层。

在弹出的“曲线”面板中选中直接调整工具，在图像中用鼠标按住高处的天空向下移动鼠标，看到曲线上产生相应的控制点也向下压曲线，图像暗下来了。注意，这里只看天空的暗调够了就行了。

在工具箱中选择渐变工具，设置前景色为黑色，并在上面选项栏中设置渐变颜色为“前景色到透明”，渐变方式为“线性”。

从画面中间向上拉出渐变线，图像下半部分被遮挡，恢复刚才的影调，上半部分天空有了渐变的明暗，这样就使天空看起来有了纵向的空间感。

最后修饰

图像的整体调整完成了。看到图像最下面的海边有一个人，可以修掉。在工具箱中的污点修复工具上按住鼠标，在弹出的系列工具中选补丁工具。

用补丁工具在那个多余人物处画出一个大致的选区，然后按住鼠标将选区移动到旁边，看到旁边的海岸将人物覆盖掉了。如果覆盖一次还有痕迹，可以多做几次。

最终效果

调整影调后，主体人物映照在温暖的晨曦中，环境的压暗，更显人物突出靓丽，天空的冷色调很好地映衬了暖调的人物，整体环境温馨轻松。

环境人像处理的重点是环境与主体人物的关系，而这种关系首先是影调关系。在一般影调片子中，亮调部分要比暗调部分更吸引观赏者的注意力。

校正偏色的基本方法 06

在Photoshop中，校正偏色操作的基本原理是依据RGB平衡的中性灰理论，我们在老邮差系列的其他书中反复、详细地表述过中性灰理论的来龙去脉。在这个实例中，只讲最简单的具体操作方法。

准备图像

打开随书赠送学习资源中的06.jpg文件。

在一位哈萨克牧民的家中做客，主人热情地弹起冬不拉，唱起了欢快的歌曲。我拍摄的这张照片，希望表现今天牧民的精神面貌。但是由于室内环境的关系，照片明显偏色，需要做校正偏色处理。

按照中性灰原理校正偏色

在图层面板最下面单击创建新的调整层图标，在弹出的菜单中选择“曲线”命令，建立一个曲线调整层。可以看到图层面板中出现了一个新的图层。

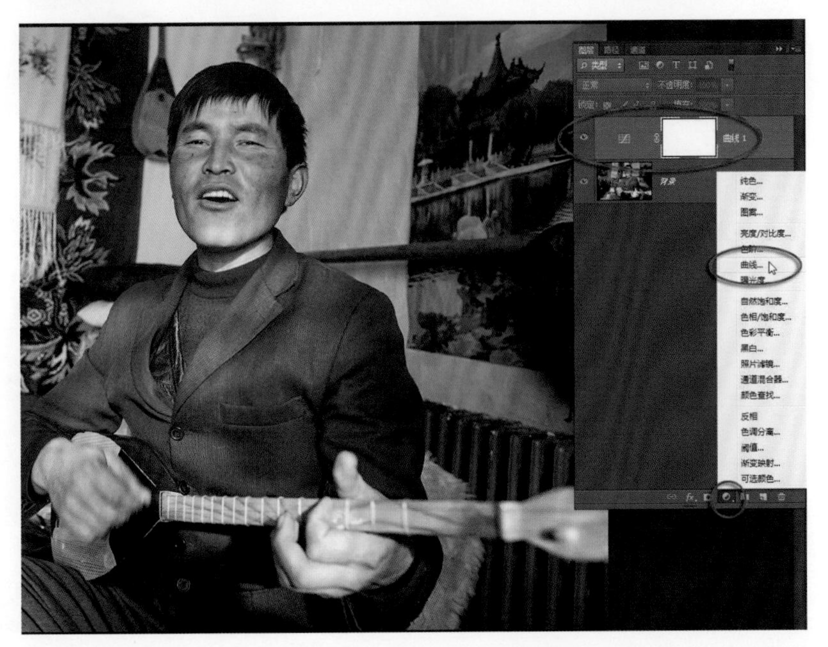

在弹出的“曲线”面板中选中中性灰吸管工具，开始寻找合适的中性灰点。

按照中性灰的原理，要在图像中选择原本为黑白灰的物体作为中性灰点。

初步判断墙上饰物的底色应该为白色，用中性灰吸管单击这个地方，看到图像颜色发生很大变化。RGB曲线中红色大大增加，蓝色大大减少，绿色稍有增加。但是这个图像色调还是不对，明显偏红黄。

用中性灰吸管单击后面白色的墙壁，颜色变化感觉比刚才好一些，但还是觉得不准确。

这是由于这两处白色点的颜色值中，红、蓝参数值相差过大，超出了色彩平衡能力空间。

判断房间里暖气和水管的颜色应该是灰色的。用中性灰吸管在水管上单击，感觉颜色变化大体对头。也就是说，在图像中的灰色物体上选择中性灰点要好得多。

但是用中性灰吸管在水管上反复单击，发现颜色不停地变化，有时颜色差异还挺大。这是因为水管壁光滑，有环境色的反射影响。由此可知，选择中性灰点应考虑无反光的灰色物体为宜。

用中性灰吸管在右下角的暖气上单击，感觉颜色的效果也大致可以。但对比刚才的颜色，感觉还是偏红色，从人物的衣服颜色看偏品，由此就可以判断这个颜色还是不准。

继续用中性灰吸管寻找合适的中性灰点。后来发现，人物穿的皮夹克作为中性灰点的效果不错。用中性灰吸管，在露出一角的皮夹克上反复单击鼠标，颜色变化相互之间差别不大，感觉颜色也很正了。观察曲线面板上的RGB曲线，都是适当增加了红色，减少了蓝色，绿色稍减了一点点。

经过反复试验比对，感觉以这个皮夹克的一角为中性灰，由此校正图像的颜色是可靠的。

当然，图像中还有很多可以用来作为校正偏色的基准中性灰点。

调整环境的影调

图像的偏色得到满意校正。现在感觉环境与主体人物的影调相互影响，希望将环境的影调适当压暗。

在图层面板最下面单击创建新的调整层图标，在弹出的菜单中选中“曲线”命令，建立一个新的曲线调整层。

在弹出的“曲线”面板中，用直接调整工具将图像的反差降低，曲线高光部分下压，暗调部分保持住。

在工具箱中选择画笔工具，将前景色设置为黑，然后在图像中单击鼠标右键，在弹出的“画笔”面板中设置合适的笔刷直径和最低的硬度参数，接着用黑画笔将人物涂抹出来，注意笔刷直径要大一点，人物涂抹不必非常精细。

黑色涂抹完成，人物恢复原有的亮度。感觉人物靠近镜头的手太亮了，设置前景色为白色，单击手的位置一下，手的影调又暗了。按Ctrl+Shift+F组合键，打开“渐隐”对话框，将不透明度滑标逐渐向左移动，看到手的明暗满意了，单击“确定”按钮退出。

调整环境的色调

整个图像的影调满意了，又感觉环境颜色过于抢眼，扰乱了对前景人物的注意力。

在图层面板最下面单击创建新的调整层图标，在弹出的菜单中选中“色相/饱和度”命令，建立一个新的色相/饱和度调整层。

在弹出的“色相/饱和度”面板中，将全图的饱和度滑标向左移动，降低图像的饱和度，看到图像的颜色暗淡下来了。

在工具箱中选择画笔工具，设置前景色为黑色，并设置合适的笔刷直径和最低的硬度参数，然后用黑画笔将人物部分涂抹回来，主体人物恢复了原有的颜色。

最终效果

校正偏色后，照片整体的颜色看起来舒服了。如果还不能完全理解中性灰的理论，先不急，只要能用中性灰吸管找到合适的中性灰点，就能很好地完成照片的校正偏色操作。正确寻找选择中性灰点，是校正照片偏色的关键所在。

船老大的沧桑 07

替换天空是很多摄影人希望在照片后期处理中做的事，只要天空的色彩比较单一，哪怕天空与前景的边缘很复杂，也不难从通道中提取天空的精确选区。替换天空的关键是为需要替换的天空建立一个精确的选区，而在诸多操作方法中，提取通道是最精准的了。

准备图像

打开随书赠送学习资源中的07-1.jpg文件。

乘坐一条小船出海，与船老大聊天，得知他已经60多岁了，在海上跑了一辈子。从他的话语中、眼神里，都能感觉到船老大饱经风雨沧桑的经历。征得他的同意，给他拍摄了这张照片，想表现他的风貌。但当时碧空万里，没有一丝云彩，拍出来的照片缺乏我感觉到的那种沧桑感，于是就想替换天空。

利用通道建立选区

首先为需要替换的天空建立一个精确的选区。

打开通道面板，看到蓝色通道反差最大。用鼠标按住蓝色通道拖到通道面板最下面的创建新通道图标上，松开鼠标可以看到出现了一个蓝副本通道。我们就是要利用这个蓝副本通道来建立所需的选区。

在这个蓝副本通道中，按Ctrl+M组合键打开曲线命令，在弹出的“曲线”对话框中首先选择白色吸管，单击图像中的天空部分，让天空基本为白色。再选择黑色吸管，单击图像中人物的衣服，让衣服等景物基本为黑色。

可以看到曲线发生很大变化，黑点和白点分别向中间移动，图像中很大部分被简化为黑或者白。

单击“确定”按钮退出。

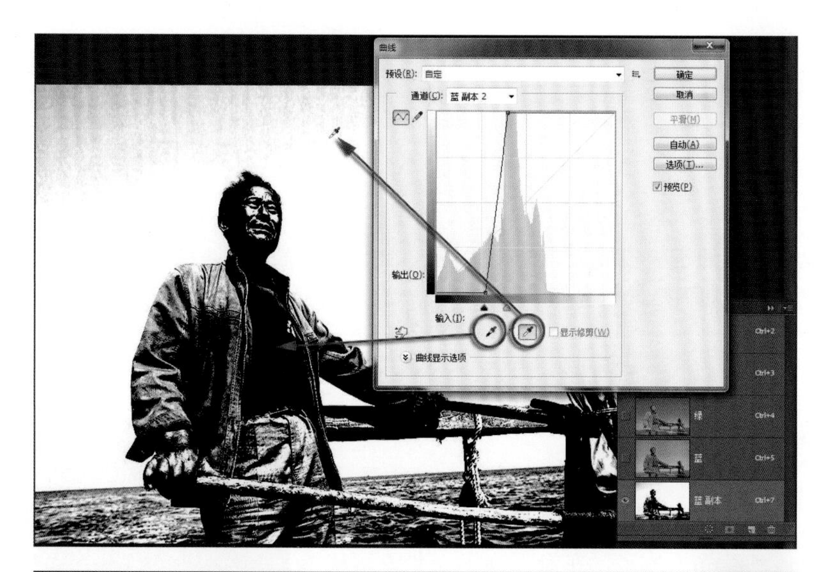

还需要对这个图像所表示的选区做进一步修饰。

在工具箱中选中画笔，然后在图像中单击鼠标右键，弹出画笔设置面板，设置合适的笔刷直径。由于天空与人物的边缘是很清晰的，因此设置了较高的羽化值参数，以使画笔的边缘比较硬。

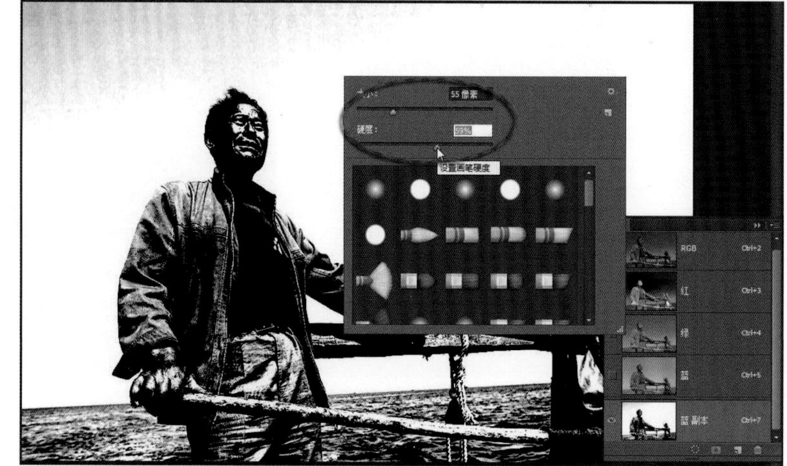

在工具箱中设置前景色为白色。

用白色画笔先将天空中不够白的地方都涂抹到，把天空完全涂抹成为白色。

在工具箱中将前景色设置为黑色，再设置稍小一点的画笔直径。

用黑色画笔涂抹图像中除了天空以外的其他部分，只要不是天空的地方，都涂抹成为黑色。

对于比较复杂的边缘，需要做精细的处理。

在工具箱中选中放大镜工具，将图像适当放大，这样对需要处理的图像景物边缘，就能看得更加清晰。再选中画笔工具，根据情况缩小画笔直径，然后用黑色画笔将天空与人物相交的边缘地方小心精细地涂抹出来。

完成全部涂抹，检查无误后，在工具箱中用鼠标双击放大镜工具，图像以100%比例显示。如果处理的图像很大，则在工具箱中双击抓手工具，图像以最佳显示比例在桌面完整显示。

在通道面板最下面单击载入选区图标，将当前通道作为选区载入，现在看到蚂蚁线了。

在通道面板的最上面单击RGB复合通道，看到彩色图像了，看到RGB三个单色通道都处于选中状态。

回到图层面板。

打开随书赠送学习资源中的素材图像文件07-2.jpg。这是一张在颐和园拍摄的云彩照片，可以用来做素材。

按Ctrl+A组合键，将图像全选。按Ctrl+C组合键复制图像。

这个图像可以关闭了。

替换天空

回到原图像，注意，蚂蚁线还在。

选择“编辑\选择性粘贴\贴入”命令，将刚才复制的云彩素材图像粘贴到当前图像的选区之内。

可以看到当前图像选区内被云彩素材替换了。

由于当前图像的海平面比较低，而颐和园的地平线比较高，因此贴进来的素材图中能够看到颐和园的地面，这还需要继续进行修饰。

在图层面板上可以看到，当前层的素材图被刚才的选区作为蒙版遮挡掉了人物和海面。

当前处于蒙版操作状态。

在工具箱中选择渐变工具，将前景色设置为黑，并在上面的选项栏中设置渐变颜色为“前景色到透明”，渐变方式为“线性”。

在图像中颐和园的地面到天空之间，从右下向上拉出渐变线，看到素材图像的地面部分被遮挡掉了。

如果感觉天空的云彩离海平面太远，可以对素材云彩做变形处理。

在图层面板上当前层中单击前面的缩览图，退出蒙版操作状态，进入图像操作状态。

按Ctrl+T组合键，打开变形框。用鼠标按住变形框的边点，向外拉动变形框，云彩变形向下靠近海平面。满意了，按回车键完成变形操作。

最终效果

完成替换天空后，云彩的气势大大提升了船老大的形象，更显现了主人公饱经沧桑、不惧风浪的气魄。

替换天空操作的关键是获取准确的天空选区，而从通道中得到所需的选区是最精确的了。

这个实例不仅讲述了如何替换天空，同时也说明了营造环境对于塑造主体形象的重要性。

替换婚纱背景 08

婚纱摄影很多，如果对于背景不满意，如果背景是单色的，那就可以替换背景，半透明的婚纱也可以做得很细致。当然，这需要走通道，需要用到蒙版技术。

准备图像

打开随书赠送学习资源中的08-1.jpg和08-2.jpg两个图像文件。

08-1这张婚纱照人物感觉还不错，但是背景过于单调，想替换一个有环境的背景图，于是找了一张08-2花墙的图做替换背景。

要替换单色的背景不难，关键是半透明的婚纱怎么换。这就得走通道了。

先选中花墙素材图，按Ctrl+A组合键全选图像，再按Ctrl+C组合键复制图像。

回到婚纱人物目标图，按Ctrl+V组合键将花墙素材图粘贴进来。

可以看到图层面板上多了一个花墙的图层。在这个图层前面单击眼睛图标，将当前层关闭，准备做婚纱人物的选区。

建立选区

打开通道面板。

分别观察红、绿、蓝三个颜色通道，选择反差最大的绿色通道，用鼠标将绿色通道拖曳到下面的建立新通道图标上，复制成为一个新的绿拷贝通道。

就在这个新建的绿拷贝通道中做我们需要的选区。

按Ctrl+M组合键打开“曲线”对话框。

在“曲线”对话框的下面选择黑色吸管，用它在图像左上角的黑色地方单击，可以看到曲线的左下起点向内移动了。最黑的地方确定了。在“曲线”对话框下面选择白色吸管，用它在图像中人物脸部高光位置单击，看到曲线的右上起点向内移动了。最白的地方也确定了。

在“曲线”对话框中选中直接调整工具，然后在图像中按住半透明的婚纱位置向下移动鼠标，看到曲线上产生相应的控制点向下压低了曲线，再在曲线左下方单击鼠标建立一个控制点并适当向上移动抬起曲线。主要检查婚纱的半透明部分要保持很好的层次，影调为中间灰，既不要太亮也不要太暗。

满意了，就按“确定”按钮退出曲线。

背景是黑色的，婚纱是半透明的中间灰。然后再来涂抹人物，要让人物与背景正相反。

在工具箱中选择画笔工具，在上面选项栏中设置合适的笔刷直径，设置硬度参数大约为80%，并设置前景色为白色。

用画笔在图像中将人物的实体部分都涂抹成白色，包括人物的头发。

涂抹人物的边缘时，要根据边缘的虚实情况随时调整笔刷的硬度参数。要根据边缘曲线的形状随时改变笔刷的直径参数，让人物边缘的涂抹尽量精准。

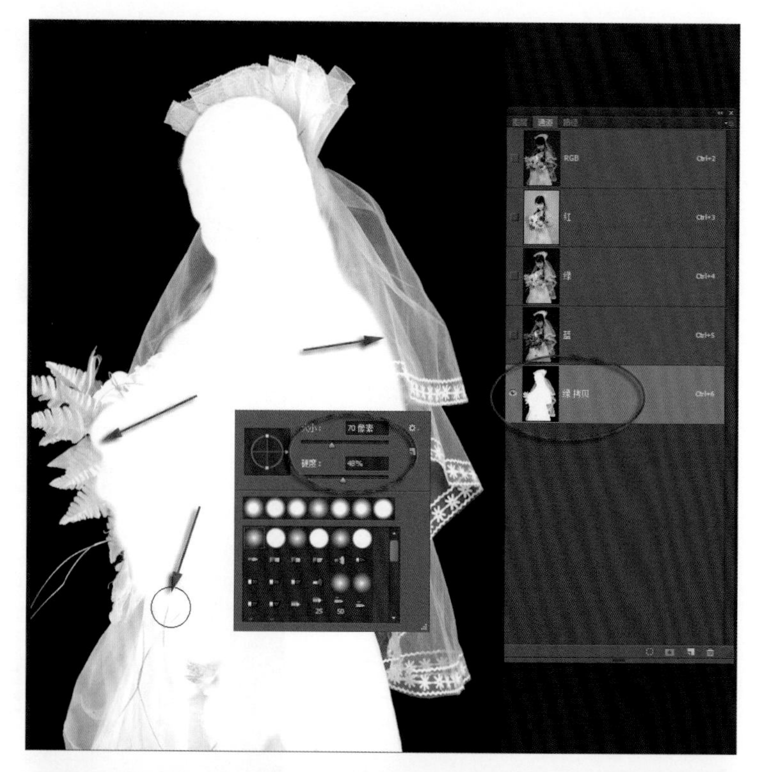

人物手中所持的饰品是实体的，也应该涂抹成白色。因为饰品的边缘比较复杂，用小笔刷也很难涂抹准确，我们换个方法来做。

在工具箱中选择套索工具，在上面选项栏中设置10像素的羽化值。

用套索工具在难以涂抹精确的复杂边缘地方建立一个大致的选区。

按Ctrl+M组合键，再次打开“曲线”对话框。用黑色吸管单击背景位置，用白色吸管单击饰品的灰度地方，看到曲线上黑、白两个控制点向内移动了。再在曲线上单击增加两个控制点，分别向上、向下移动，让曲线呈S形。看到物品与背景的边缘黑白分明了，这样做比用笔涂抹要省事多了。然后单击“确定”按钮退出曲线。

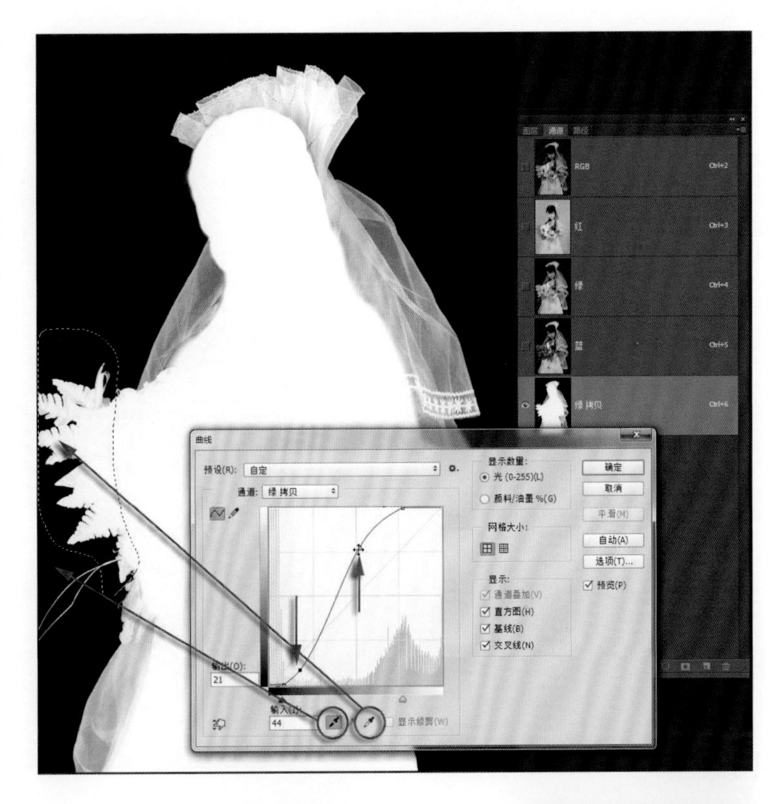

我们将来要遮挡的是人物部分，要留出的是背景部分，因此在通道中人物部分应该为黑，而背景部分应该为白。选择“选择\反向”命令，快捷键是Ctrl+I，将当前通道的黑白影像做反相处理。

在通道面板最下面单击载入通道选区图标，将当前通道中的亮调部分作为选区载入，看到蚂蚁线了。

在通道面板最上面单击RGB复合通道，看到彩色图像了。

注意一定要单击在通道上，并且看到红、绿、蓝三个通道都呈灰蓝色处于被选中打开状态，而不是单击通道前面的眼睛图标。

合成图像

回到图层面板。

在当前花墙素材图层前单击眼睛图标，打开当前层，看到花墙图像了。

蚂蚁线还在。在图层面板最下面单击创建图层蒙版图标，为当前层建立蒙版。

现在看到，在蒙版的遮挡下，人物与背景合成在一起了，而且半透明的婚纱部分也保留了半透明的效果。

仔细检查图像，发现还有人物与背景不相吻合的地方，该露出来的地方没有露出来，该挡住的地方没有挡住。

在工具箱中选择画笔工具，在上面选项栏中设置合适的笔刷直径和羽化值，前景色根据实际情况选择黑或者白。

仔细检查人物与背景的边缘，把不符合实际的地方细心涂抹出来。

替换渐变色背景效果

还可以尝试其他背景效果。

在图层面板最下面单击创建新的调整层图标，在弹出的菜单中选择“渐变”命令，建立一个新的渐变填充层。

可以看到图层面板上出现了渐变填充图层，图像也被当前渐变色所填充。

在弹出的“渐变填充”对话框中单击渐变色旁边的箭头图标，打开渐变颜色库，选择一个所需的渐变颜色。

根据需要设置渐变颜色的角度， 在图像中按住鼠标移动，可以改变渐变色的起始位置。都满意了，就按“确定”按钮退出。

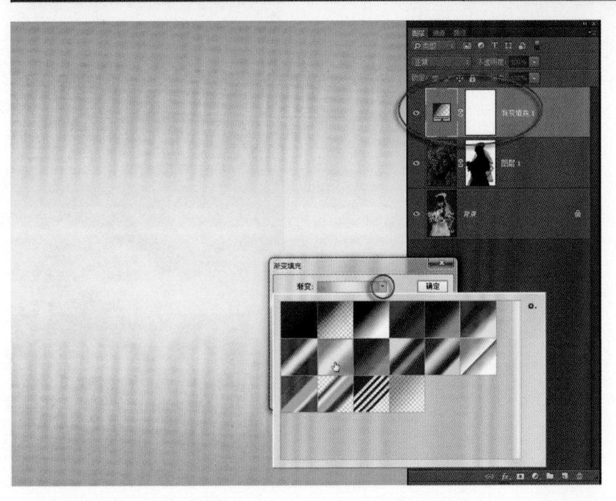

按住Ctrl+Alt组合键的同时，用鼠标按住下面素材图层的蒙版图标向上拖曳到当前层的蒙版图标中，可以看到下面图层的蒙版被复制到当前层来了。

人物与渐变色的背景很好地融合在一起了。

如果对现有的渐变色背景不满意，可以在图层面板上双击当前渐变色填充层的图标，重新打开“渐变填充”对话框，再次打开渐变颜色库，重新选择渐变颜色。也可以单击渐变色条，打开拾色器，设置各种所需的渐变色。满意了，就按“确定”按钮退出“渐变填充”对话框。

如果将当前渐变填充层的图层混合模式打开，依次尝试各种不同的图层混合模式，你还会有更多惊喜的发现。

当背景色调与原图色调反差较大的时候，会看到半透明的婚纱中保留了一层原图的淡淡的红色。

这就要在素材图层上面新建一个去色调整层，将图像变为黑白。然后加一个蒙版，限制黑白图的区域仅为半透明的婚纱部分，将人物与背景都遮挡掉，这样婚纱就成无色的了。

最终效果

最后再具体调整前景人物和背景花墙的亮度，使前景与背景形成合适的对比，直到满意。

经过这样的操作，原本单一的背景替换成了花丛，在蒙版的遮挡下，不仅人物与背景的边缘吻合准确，而且半透明的婚纱也表现得非常精准。这都是精准的灰度蒙版的作用，这个实例中最关键的是在通道中制作好灰度蒙版的选区。要点就是人物与背景用黑白分开，而半透明部分保留中间灰。

雕刻沧桑——锐化图像 09

锐化图像可以使照片看起来更清晰，更有力度。为了不损害原图的质量，锐化图像不应该使用锐化滤镜来做，而应该用“图层+高反差保留滤镜+蒙版”的方法来做，尽管操作上稍有烦琐，但图像质量非常好。

原片的拍摄

打开随书赠送学习资源中的09.jpg文件。

在新疆见到这位老人，征得他的同意，抓拍了这张照片。总体看片子，曝光没有问题。放大仔细观察，感觉人物面部的细节还需做进一步强化。

这里是截取的原图中的脸部局部图像，为的是锐化效果更明显。

需要做锐化，但不能用锐化滤镜做，因为那样会损害图像质量。

复制图层

打开图层面板，用鼠标将背景层拖到面板下面的创建新图层图标上，将当前层复制一个新图层。

图层锐化处理

先将当前层去色。选择“图像\调整\去色”命令，也可以按快捷键Ctrl+Shift+U，当前层图像成为灰度图像。

选择“滤镜\其他\高反差保留”命令，在弹出的“高反差保留”对话框中移动参数滑标，设置半径参数在2像素左右，看到灰度图像略微出现线条影像，然后单击“确定”按钮退出。

高反差保留滤镜强化图像中的最亮和最暗部分，大部分中间调影像忽略为灰。反差大的地方锐化强，而中间灰部分根据灰度的深浅很少锐化或者不做锐化。因此在这里设置的参数既不能太低，使画面全部是灰色，也不能太高，使影像完全被保留，以设置为能看清线条影像为佳。

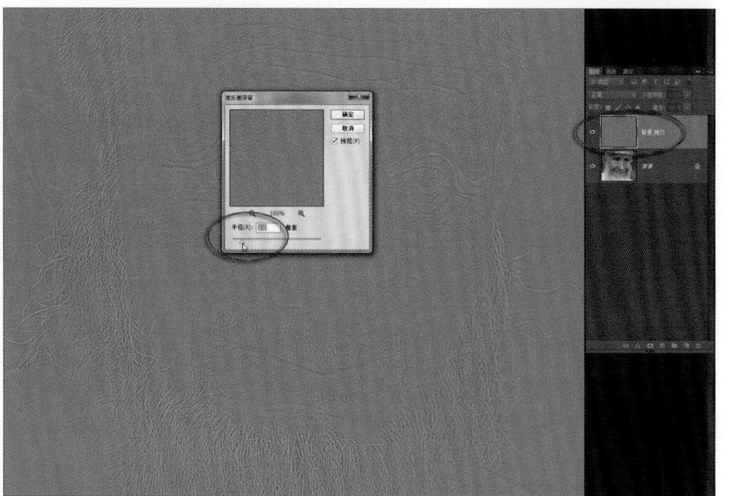

在图层面板上打开“混合模式”下拉框，选择第4组中的“叠加”命令。也可以尝试选择第4组中的其他命令，这组命令能起到加大图像反差的作用。

在图层面板上，连续单击当前层前面的眼睛图标，反复打开关闭当前层图像，可以看到图像确实比原来略微清晰了。

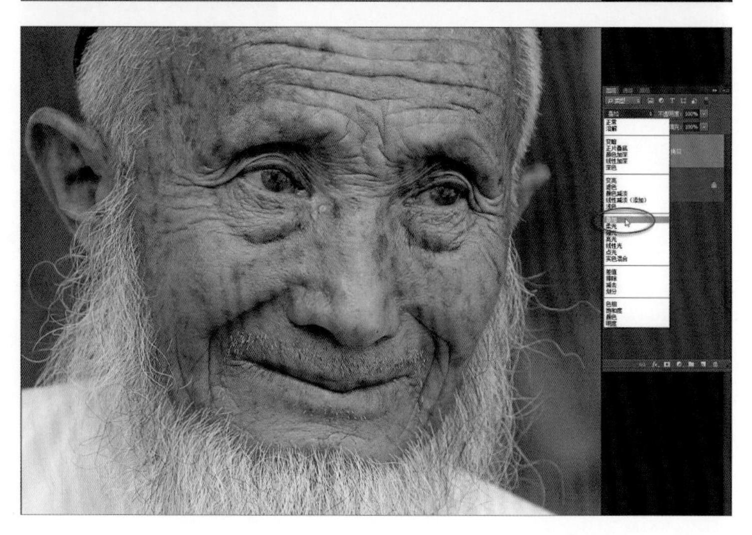

感觉现在锐化的程度还不够，还想再进一步锐化。

在图层面板上将当前层用鼠标拖曳到下面的创建新图层图标上，将当前灰度锐化层再复制一个、两个，甚至三个。每复制一个层，图像就被锐化一遍。

现在看到图像已经明显锐化了，人物皮肤的细节都显现出来了。

不想锐化背景

现在的操作是全图都锐化，而我们需要的是人物做锐化，背景不能做锐化。现在可以看到图像经过三次锐化后，背景部分开始出现噪点，我们需要用蒙版将背景遮挡掉。

选择“选择\色彩范围”命令，打开“色彩范围”对话框后，用鼠标单击图像中人物背景部分，然后调整颜色容差值滑标，让缩览图中的人物与背景影像尽量黑白分开，主要看人物与背景的边缘差别明显即可。满意了，就按“确定”按钮退出。

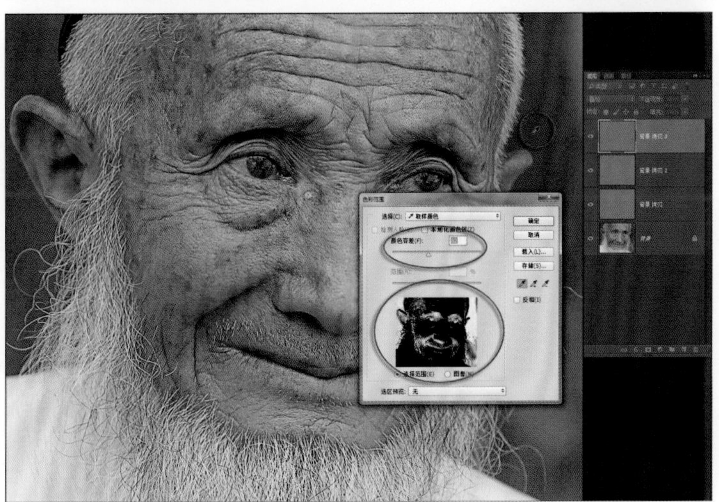

看到选区的蚂蚁线了。

在图层面板最下面单击创建图层蒙版图标，为当前层建立一个图层蒙版。

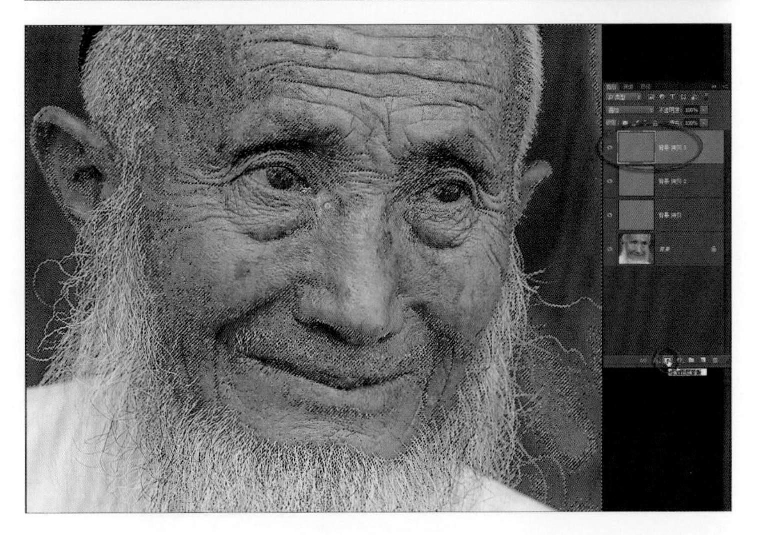

看到图层面板当前层上出现了蒙版图标。

在工具箱中选择画笔工具，设置前景色为黑色，并设置合适的笔刷直径和最低的硬度参数，然后用黑画笔涂抹人物脸部，让蒙版中人物部分完全为黑。

在涂抹到人物边缘部分时，注意要适当调整笔刷直径和硬度参数，直到蒙版中人物部分完全为黑。

蒙版中的黑是对当前层的局部遮挡。而我们要的是人物部分做锐化，遮挡背景不做锐化。现在的蒙版中黑白区域正好反了。

选择“选择\反选”命令，快捷键是Ctrl+I，蒙版中的黑白被反过来了。人物部分为白，背景部分为黑，这就对了。当前层对于背景部分的锐化被遮挡掉了。

要对三个锐化层的背景部分都加蒙版做同样的遮挡。

先按住Ctrl+Alt组合键，然后在图层面板上用鼠标按住当前层的蒙版，拖曳到下面的锐化层中，就将当前层的蒙版复制到新的图层中了。连续做两次复制图层蒙版的拖曳操作，让三个锐化层都有同样的图层蒙版。现在可以看到图像中背景部分没有被锐化，噪点没有了。

修饰蒙版控制遮挡区域

实际上，我们不需要对人物脸部做三遍同样的锐化操作。有的地方，如脸颊的锐化可以少做一遍，这就可以通过涂抹蒙版来控制。

在工具箱中选择画笔工具，设置前景色为黑色，并设置合适的笔刷直径和最低的硬度参数。在图层面板上单击最上面的蒙版图标，激活进入当前层蒙版操作状态。用黑画笔涂抹不需要三遍锐化的脸颊部分，可以看到在当前蒙版的遮挡下，涂抹的脸颊部分的锐化减弱了。也就是说，这个局部图像只被锐化了两遍。

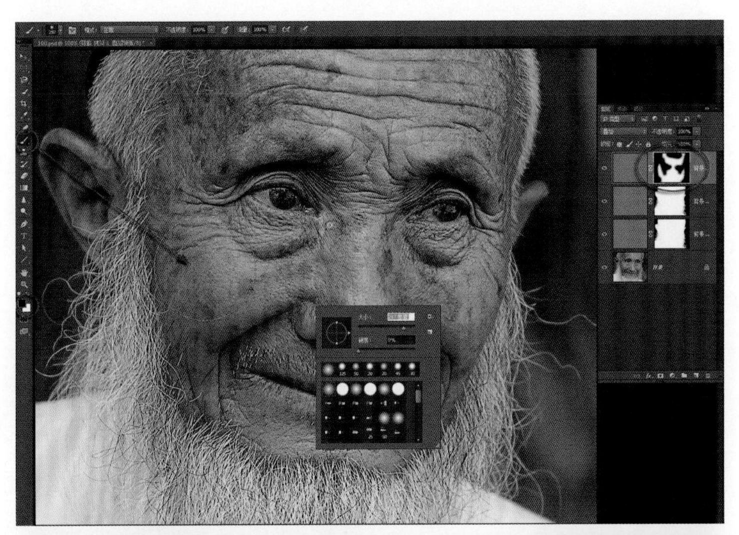

如果图像中某个局部只想锐化一遍，就再激活下面一个锐化图层的蒙版，再继续用黑画笔涂抹不需要锐化的局部。

如果感觉全图锐化三遍有点过了，可以在图层面板上单击某个锐化层前面的眼睛图标，关闭一个锐化层。通过反复比较，来决定究竟锐化到什么程度最合适。图像当然不是越锐越好的。

最终效果

用图层法做锐化，不会损害原图，不会降低全图的质量，在蒙版的控制下，可以有目标地锐化所需的局部图像，而且可以对不同位置做不同程度的锐化处理。

这种锐化方法的关键有三：第一，高反差保留叠加能最大限度地保留图像质量；第二，蒙版可控锐化区域；第三，复制锐化层控制锐化程度。

经过这样的锐化处理，人物的皮肤质感非常鲜明，皮肤细节更清晰，毫发毕见，照片的视觉冲击感更强烈了。

青春写在脸上——通道磨皮 10

磨皮是一种为人物肖像处理皮肤效果的操作，Photoshop没有专门的磨皮工具，通常是用外挂滤镜来做的。但安装外挂滤镜有诸多麻烦。其实用通道也可以实现磨皮操作，再加上调整层的控制，更能够把握磨皮的轻重程度，更好地保留皮肤质感。

准备图像

打开随书赠送学习资源中的10.jpg文件。

少女的青春是美丽的，但美丽的青春往往伴随着一点烦人的“标点符号”。不必等待，今天就拍照，其他事情我们用通道磨皮来做。

在通道中制作选区

进入通道面板。

将蓝色通道用鼠标拖到下面的复制新通道图标上，复制成为一个蓝副本通道。

就在蓝副本通道上操作。

选择“滤镜\其他\高反差保留”命令，在弹出的对话框中，将半径参数设置为13像素左右，然后单击“确定”按钮退出。

高反差保留的目的是将图像中最亮和最暗的地方挑选出来，而将中间调部分全都忽略为灰，将来灰的部分是不做处理的。

选择“图像\计算”命令，在弹出的对话框中可以看到很多参数，主要是计算的两个来源和计算的具体方法。

打开“混合”下拉框，选择“亮光”混合模式，其他参数默认，然后单击“确定”按钮退出。

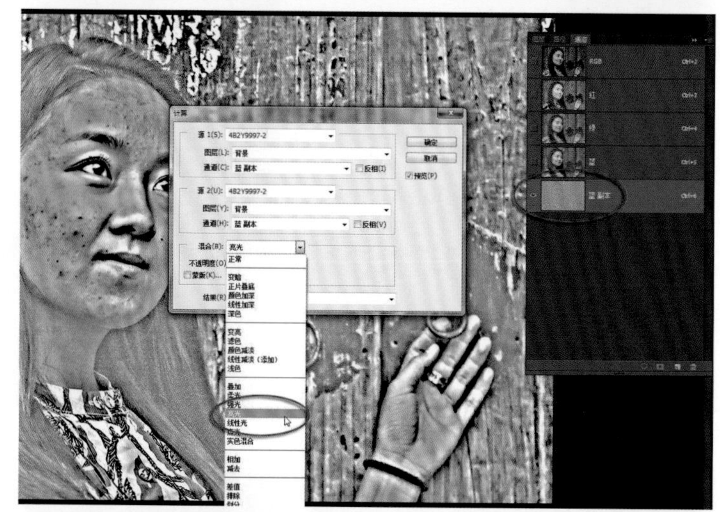

可以看到，经过这次计算后，产生了一个新的Alpha 1 通道。

再次选择“图像\计算”命令，再做一遍计算。这次可以将源1中的通道下拉框打开，选择蓝副本通道，其他参数不变。这样做是为了稍减弱一点反差。

现在是用蓝副本通道与Alpha 1 通道做亮光的混合。

单击“确定”按钮退出。

在通道面板中可以看到第二次计算产生了一个新的Alpha 2 通道。

计算操作完成了。

在通道面板最下面单击载入选区图标，将当前Alpha 2 通道的选区载入，看到蚂蚁线了。

选择“选择\反向”命令，将全部选区反选。这一步反选非常重要，因为我们要处理的是脸上的暗点，而通道中直接载入的是亮部。

在通道面板的最上面单击RGB复合通道，看到彩色图像了。

调整皮肤效果

单击图层面板，回到图层，蚂蚁线还在。

在图层面板最下面单击创建新的调整层图标，在弹出的菜单中选择“曲线”命令，建立一个新的曲线调整层。这个调整层会自动带有蚂蚁线所产生的蒙版。

在弹出的“曲线”面板的曲线中间单击鼠标建立一个控制点，用鼠标按住这个控制点向上慢慢移动，看到脸部的皮肤立刻变得平滑了。

注意调整幅度要适当，如果调整幅度过大，就会适得其反。

除了脸部之外，其他地方是不需要做磨皮处理的。

在工具箱中选择画笔工具，设置前景色为黑色，并在上面选项栏中设置较大的笔刷直径和最低的硬度参数，然后用黑色画笔把图像中除了脸部以外的所有地方都涂抹掉。手是否涂抹随您了。

脸部皮肤做了磨皮处理，但是五官不需要做磨皮处理。

为黑画笔设置合适的笔刷直径，用黑画笔将五官中的眼睛、眉毛、嘴都小心地涂抹出来，可以看到，这些部位恢复了原有的清晰。

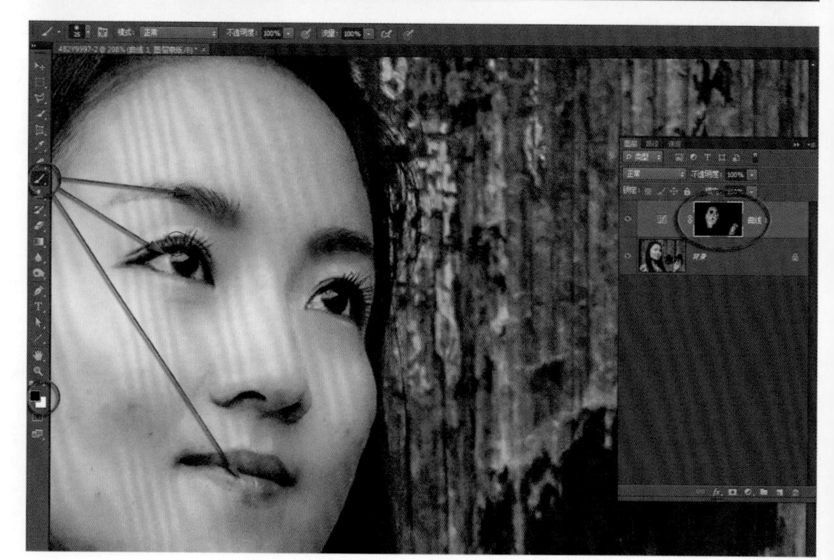

面部细致修饰

现在看人物的脸部还有少许瑕疵，需要做进一步修饰。

按Ctrl+Alt+shift+E组合键为当前调整状态做一个盖印，在图层面板上可以看到当前效果被盖印成为一个新的图层。

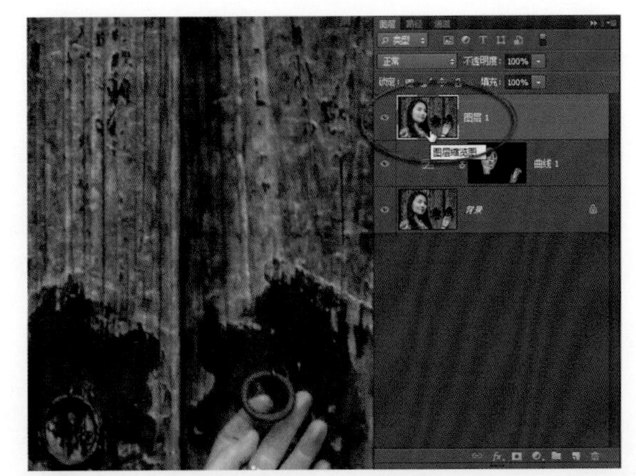

在工具箱中选择修复画笔工具，在上面选项栏中设置合适的笔刷直径。首先在脸部选择一处很好的皮肤取样。

按住Alt键，在好皮肤处单击鼠标，完成取样。

将光标移动到需要修复的瑕疵皮肤位置上，可以看到按住取样点即将修复的样子。按下鼠标，取样点的皮肤就与当前位置的皮肤融合了，瑕疵消失。

这是一项细致的工作，需要反复取样，反复单击修复。取样点应尽量靠近需要修复的部位。

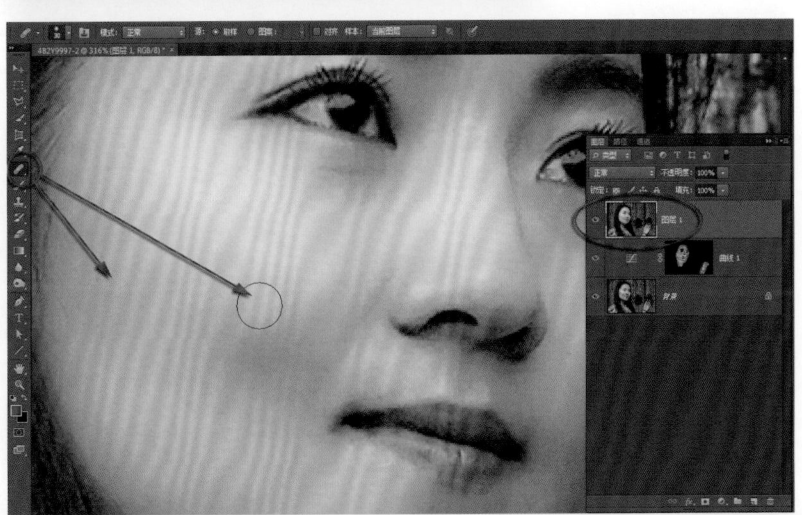

背景影调修饰

人物脸部修饰完成了。整体看图像，感觉背景偏亮，考虑压暗背景。

在图层面板最下面单击创建新的调整层图标，在弹出的菜单中选择“曲线”命令，建立一个新的曲线调整层。

在弹出的“曲线”面板中选中直接调整工具，在图像中背景处按住鼠标向下移动，看到图像完全暗下来了。将曲线的右上方顶点也适当向下移动，为的是降低反差。

在工具箱中选择画笔工具，设置前景色为黑色，并在上面选项栏中设置较大的笔刷直径和最低的硬度参数。

用黑画笔将人物部分的大致区域涂抹，人物的影调恢复刚才的效果。

背景色调修饰

现在感觉背景环境颜色过于艳丽，影响了人物的表现。

在图层面板最下面单击创建新的调整层图标，在弹出的菜单中选择“色相/饱和度”命令，建立一个新的色相/饱和度调整层。

在弹出的“色相/饱和度”面板中，将饱和度参数滑标向左移动，降低图像的色彩饱和度。也可以将明度参数适当降低一些。

这个调整层是用来处理图像的环境背景的，还需要把人物恢复回来。

可以用黑画笔来涂抹人物。

因为要涂抹的区域与刚才做的区域相同，因此索性复制刚才调整层的蒙版。按住Ctrl+Alt组合键，在图层面板上，用鼠标将刚才曲线调整层的蒙版拖曳到当前调整层的蒙版图标上，在弹出的是否要替换当前蒙版对话框中单击“是”按钮，蒙版被复制到当前，人物恢复原有色彩。

最终效果

经过这样的不太简单的操作，少女的脸上完全恢复了青春的靓丽。

这个操作在通道中使用了滤镜高反差保留和计算命令，并反向载入选区。在调整层中使用了曲线命令，并通过蒙版控制操作的区域，最终用“创可贴”工具做细致修饰，到这一步就完成了人物的磨皮操作。然后用一个调整层压暗了背景，又用一个调整层减弱了背景的色彩饱和度，这两步并不是必须做的。基本原理就是把脸部的特殊部分挑选出来，专门做影调处理。

有的朋友可能会说：“这个姑娘的照片在其他书里见过的”。没错，是用过多次了。我能找到这么一位长满脸青春痘的漂亮姑娘，而且允许我使用她的肖像照片，真的不容易。

大眼睛的小妹妹 11

在影棚里为妹妹拍片，当时用的是白色背景。拍摄完成后，再想把这个片子任意换一个彩色的背景，就遇到了很多人较劲的“抠头发”的问题。尽管我并不赞成在这种“抠头发”上下死功夫，但遇到这个具体问题，也不得不跟这个“抠头发”较一回劲了。

准备图像

打开随书赠送学习资源中的11.jpg文件。

妹妹的镜头感很好，拍摄进行得很顺利。回来之后，想为这张片子替换一个颜色背景。如果沿着头发的边缘加一个大概其的蒙版，边缘飘起的头发就会不自然。怎样才能精细抠图呢？下面揭晓答案。

利用通道建立精细选区

打开通道面板。

要把头发丝这样精细的选区都做出来，最好还是用通道。

选择反差最大的蓝色通道，用鼠标拖曳到通道面板最下面的创建新通道图标上，将当前通道复制成为一个蓝副本通道。

按Ctrl+M组合键打开“曲线”对话框。

选中白色吸管，并单击图像中背景的白色位置，设置图像白场。再选中黑色吸管，并单击图像中人物手臂上较暗的位置，设置图像黑场。看到曲线两端向内大幅度移动。

在曲线上单击鼠标，再建立两个新的控制点，并将这两个点适当移动到贴近直方图峰值的地方，让曲线与直方图高光部分的峰值基本一致。

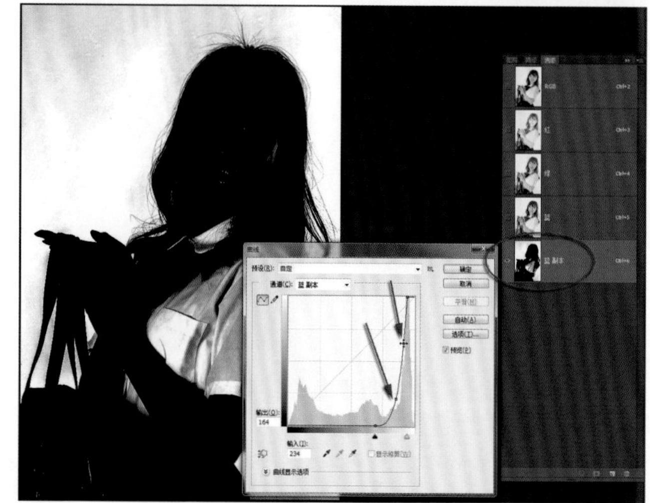

在工具箱中选择画笔工具，设置前景色为白色，然后在图像中单击鼠标右键，在弹出的“笔刷”面板中设置所需的笔刷直径和很高的硬度参数。

用白色画笔将图像中的白色背景部分都涂抹成为真正的白色。

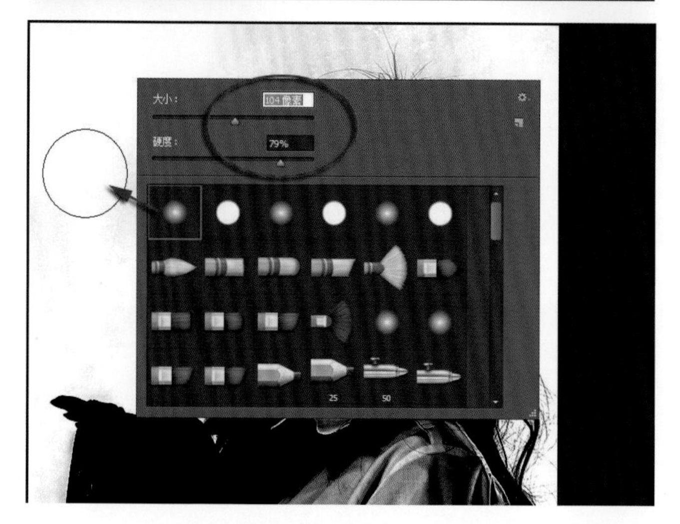

将前景色设为黑色。用黑画笔将人物全部涂抹成为黑色，一定注意涂抹的边缘要非常精细。现在涂抹的主要是人物的中间部分，包括人物的脸部、衣服、手臂等。而人物飘散的头发不能再涂抹修饰了，没有这么细的笔刷。

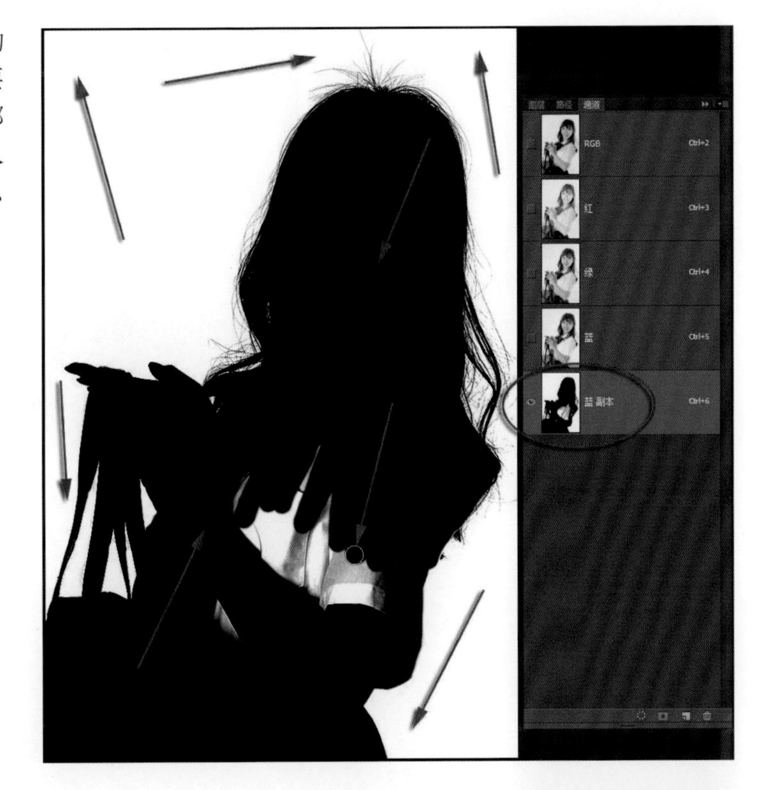

经过精心涂抹，人物与背景黑白分明了。

在通道面板最下面单击载入选区图标，当前通道中的白色部分作为选区被载入，看到蚂蚁线了。

在通道面板最上面单击RGB复合通道，回到顶端，看到所有颜色通道都被打开，呈现彩色图像了。

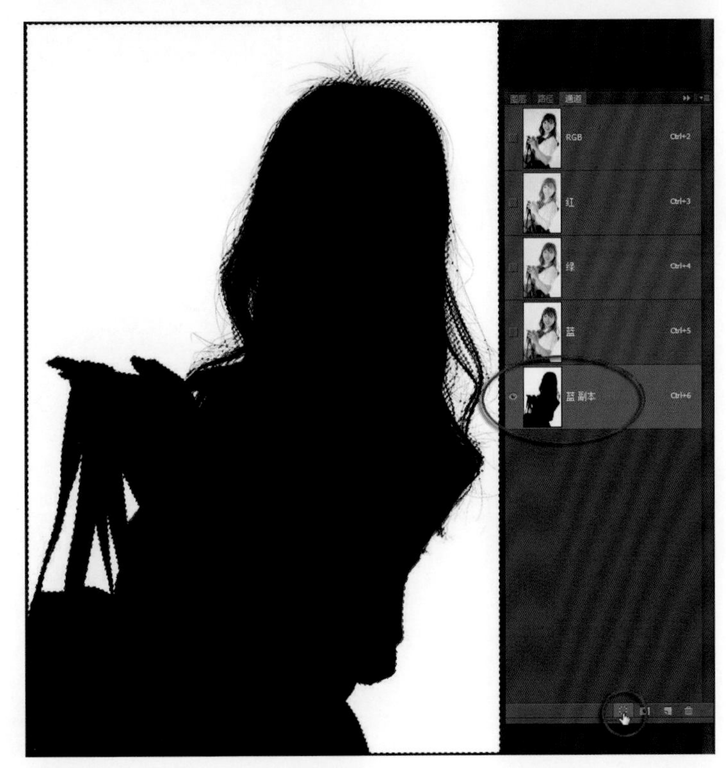

替换彩色背景

回到图层面板，蚂蚁线还在。

在图层面板最下面单击创建新的调整层图标，在弹出的菜单中选择“渐变”命令，建立一个渐变调整层。

在弹出的“渐变填充”对话框中，打开渐变颜色库，选择一个所需的渐变颜色。

还可以设置自己喜欢的渐变角度。如果选择“反向”点钩，则渐变颜色的方向会调转180度。

如果对渐变颜色库里现成的渐变色不满意，可以单击渐变颜色条，打开渐变颜色库，调整选择自己所需的任何渐变颜色。

满意了，就单击“确定”按钮退出。

调整边缘头发颜色

观察图像，发现人物的头发边缘为亮色，感觉不符合现实。

在图层面板的上边单击当前层的不透明度参数，将滑标向左移动，降低当前渐变颜色调整层的不透明度，看到颜色逐渐变淡。直到颜色到了很淡的程度，人物发亮的头发的视觉效果才感觉舒服。

但是，总不能只能做成浅淡色的背景色，因此还要想一个两全的办法，既能让边缘的头发满意，又能让背景色是深色。

先将当前渐变色调整层的不透明度恢复为100。

在图层面板上指定背景层为当前层。在图层面板最下面单击创建新图层图标，在背景层的上面建立一个新的图层1。现在这是一个空的图层。

在工具箱中选择吸管工具，用吸管在人物的头发上选择较深的地方单击，将深色头发颜色设置为前景色。

按Alt+Delete组合键，在当前层中填充前景色。

在图层面板中可以看到，新建的图层1中填充了刚才选择的头发颜色。

在上面的渐变色调整层蒙版的遮挡下，当前层只显现人物的轮廓。

需要为当前层设置同样的蒙版。

按住Ctrl+Alt组合键，用鼠标按住渐变调整层的蒙版图标，拖曳到图层1，可以看到渐变调整层的蒙版被复制到了当前图层1中。在这个蒙版的遮挡下，人物又显现出来了。

然后来处理边缘发亮的头发。

在工具箱中选择画笔工具，设置前景色为白色，并在上面的选项栏中设置较小的笔刷直径和最低的硬度参数。

单击当前图层的蒙版图标，激活蒙版，确认进入蒙版操作状态。

用这个白色小画笔，小心地沿着发亮的头发边缘涂抹，注意不要过多涂抹到人物的里面去。可以看到在蒙版的遮挡下，亮边的头发暗下来了。实际就是用当前图层1的颜色将亮发都遮挡掉了。

随意替换背景色

如果对背景色不满意，可以随意替换。

在渐变填充调整层上双击前面的渐变色图标，重新打开“渐变填充”对话框，再次打开渐变颜色库，随意选择所需的渐变颜色。如果对渐变色的变化方式不满意，可以随意更改设置。满意了，就单击“确定”按钮退出。

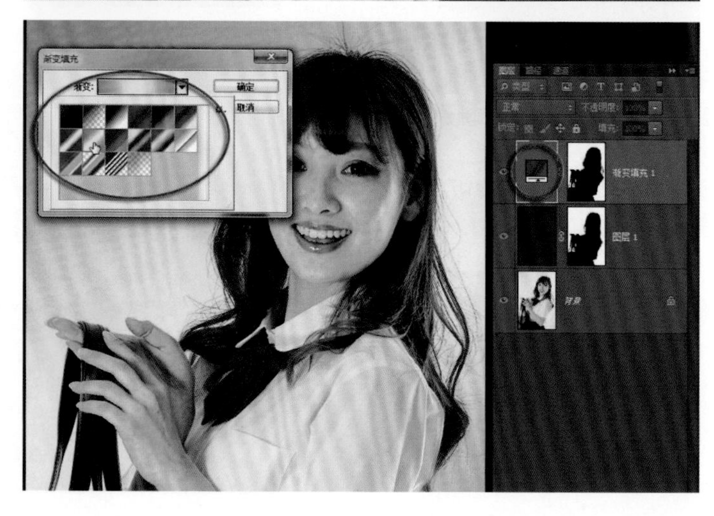

如果想尝试比较多种背景色效果，那就再加一个色相/饱和度调整层。在图层面板最下面单击创建新的调整层图标，在弹出的菜单中选择“色相/饱和度”命令，建立一个新的色相/饱和度调整层。

按住Ctrl+Alt组合键，用鼠标将下面图层的蒙版图标拖曳到当前层中，蒙版被复制过来了。

打开当前调整层的色相/饱和度调整面板，将饱和度滑标向右移动，提高色彩饱和度，让背景色更鲜艳。然后随意移动色相滑标，可以看到背景色按照色轮关系不断变化，可以随意将其替换成各种颜色。

最终效果

在这个实例中，为了替换背景，从通道中建立选区，而这样的选区要控制好曲线的形状，完全可以获得最精细的选区。

为了得到满意的边缘头发颜色，又专门制作了一个填充层，也利用了通道中的选区。现在我们看到妹妹飘散开的头发丝，解决得非常细致，效果非常真实。

这个实例中边缘头发的颜色问题困扰了我大半天，我尝试了多种方法，最终得以解决。说实话，我不大赞成把“抠头发”作为衡量某人Photoshop水平的考题，大多数时候其实不必这么较劲。

环境人像着力营造气氛 12

用影调营造气氛，是环境人像后期处理中很重要的思路。前期拍摄中一定要把想法拍出来，把构图做到位，尽量用好光线。但拍摄环境人像时大多很难做到满意的布光，很难得到满意的影调。这就需要在后期处理中按照照片的内容及其所要表达的想法来营造所需的影调，营造所需的环境气氛。这个实例中的每一步操作效果都不是必须的，而是给大家提供一个将普通的环境人像作品处理成带有强烈感情色彩和艺术效果的思路。

准备图像

打开随书赠送学习资源中的12.jpg文件。

拍摄时更多地考虑人物的现代感与旧式碉楼的对比，有意让现代的人物与旧式的碉楼分别朝向相反的方向。中间运用了大树的枝丫形成网状的纹理，在时空的表现中得到一种间隔的感觉。我们想象这张照片，需要压暗环境影调，提亮主体人物影调，这在拍摄时是无法做到的。因此这些想法需要在后期处理中做出来。

提亮主体人物

每处理一部分就建立一个新的调整层。先来提亮人物。

打开图层面板，在最下面单击创建新的调整层图标，在弹出的菜单中选择“曲线”命令，建立一个新的曲线调整层。

在弹出的“曲线”面板中选中直接调整工具，将光标放在图像中人物脸部的亮调部分，按住鼠标向上移动，可以看到曲线上产生了一个相应的控制点，也向上移动抬起了曲线，整个照片都亮起来了。这里注意人物的亮度满意了即可。

看工具箱中的色标，如果前景色为黑色，按Alt+Delete组合键；如果背景色为黑色，按Ctrl+Delete组合键。在蒙版中填充黑色，刚才调整的效果被遮挡。

在工具箱中选择画笔工具，设置前景色为白色，并设置合适的笔刷直径和稍低的硬度参数，然后用白画笔将人物部分细心涂抹出来，人物恢复了刚才调整的亮度效果。

感觉人物的白色围巾亮度不够。用白画笔涂抹白色围巾部分，注意要一笔涂抹完成，中间不能抬鼠标。涂抹完成后，看到白色围巾又太亮了，立即选“编辑\渐隐画笔”命令，在弹出的“渐隐”对话框中将不透明度参数滑标逐渐向左移动，看到白色围巾的影调满意了，按“确定”按钮退出。

处理环境影调

再来处理背景环境的影调。

再次打开图层面板，在最下面单击创建新的调整层图标，在弹出的菜单中选择“曲线”命令，建立一个新的曲线调整层。

在弹出的“曲线”面板中，先将曲线的右上方起点向下移动到大约中间，看到图像整体都暗下来了。再选中直接调整工具，在图像中按住天空中亮调位置向下移动，曲线上也产生相应的控制点向下压曲线，图像完全暗下来了。

在工具箱中选择画笔工具，设置前景色为黑色，并设置合适的笔刷直径和硬度参数，然后用黑画笔细心涂抹人物，将人物的影调恢复正常。因为当前这个曲线调整层是专门用来调整背景环境的，因此要在蒙版中将人物涂抹掉。

这一步要解决的是环境对人物的衬托，不能让背景抢眼球。

感觉背景天空的影调过于平均，缺少明暗变化，想将图像的四周再压暗一些。

打开图层面板，在最下面单击创建新的调整层图标，在弹出的菜单中选择“曲线”命令，建立第三个曲线调整层。

在弹出的“曲线”面板中，选中直接调整工具，在图像中按住天空中亮调位置向下移动，曲线上也产生相应的控制点向下压曲线，图像更暗了。

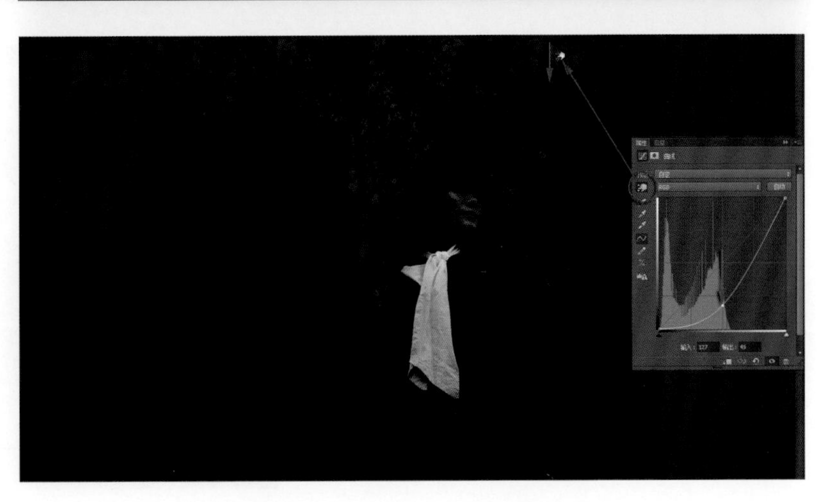

这个曲线调整层是专门用来压暗图像四周的。在工具箱中选择画笔工具，设置前景色为黑色，并设置很大的笔刷直径和最低的硬度参数，然后用黑画笔在图像中间部分涂抹，将图像中间主体部分图像的影调恢复正常。现在图像四周更暗了，更有了一种年代久远的感觉。人物影调与碉楼、大树的剪影更突出了。

到此，这个片子的处理也算告一段落了。如果哪一部分的影调不满意，可以在图层面板上双击那个调整层的图标，再次打开那个曲线调整面板重新调整参数。

处理黑白影调

但我们也可以继续尝试其他影调和色调效果。

打开图层面板，在最下面单击创建新的调整层图标，在弹出的面板中选择“黑白”命令，建立一个新的黑白调整层。

在弹出黑白调整面板后，可以看到图像已经变成了黑白效果。将红色和黄色的滑标适当向右移动，提高红色和黄色的亮度，人物显得亮了。将青色和蓝色的滑标向左移动到最低，背景天空的影调又进一步压暗了。

回到图层面板，当前层是黑白调整层，想让人物恢复彩色，按住Ctrl键，用鼠标单击刚才涂抹出人物的第二个曲线调整层的蒙版，就载入了这个蒙版的选区，看到蚂蚁线了。

现在载入的是那个蒙版的白色部分选区，而我们需要的是涂抹了黑色的人物部分的选区，因此还要将当前选区反选。

选择“选择\反向”命令，将当前选区反选。设置工具箱中的前景色为黑色，按Alt+Delete组合键，在当前选区内填充黑色。当前黑白调整层的人物部分被遮挡，恢复了彩色效果。

尝试色彩效果

在图层面板上双击当前黑白调整层图标，再次打开黑白调整层。

在黑白调整面板上面单击“色调”选项点钩，看到图像中出现了默认的淡淡的土黄色效果，片子看起来很有一种怀旧情绪。

这也是一种不错的效果。如果满意，就此存盘。

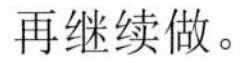

再继续做。

在黑白调整层面板上单击色调的色标，打开颜色拾色器，设置所需的颜色，如纯红色（R：255、G：0、B：0），然后单击“确定”按钮退出。

看到图像呈现出强烈的红色调子。

不需要将背景都变成红色。

在工具箱中选择渐变工具，设置前景色为黑色，并在上面的选项栏中设置渐变颜色为“前景色到透明”，渐变方式为“线性渐变”，然后在图像中右上方适当位置向偏左下方倾斜一点拉出渐变线。在蒙版中可以看到，图像的右上方被遮挡住，恢复了原来的色调。

现在这个颜色的效果过于鲜艳，这就不真实了。

在图层面板中打开图层混合模式下拉框，选择一个合适的图层混合命令，这里设置为“差值”，也有其他命令可选，看个人喜好和图像的实际效果。感觉颜色还是重，将图层的不透明度参数降低到40%以下。现在看到图像的暗红色融合得比较舒服了。

局部光线效果

感觉碉楼的影调过暗了，与人物的呼应关系不够强烈。

再来做一个调整层。在图层面板最下面单击创建新的调整层图标，在弹出的菜单中选择“曲线”命令，建立当前图像中的第五个调整层。

在弹出的“曲线”面板中选中直接调整工具，在碉楼的亮处按住鼠标向上移动，看到整幅图像都亮起来了，这里只看碉楼的亮度。

曲线上产生相应的控制点向上抬起了曲线，但感觉图像中不能没有暗处，于是在靠近左下角的曲线上单击鼠标，建立一个控制点，并将这个控制点稍向下压，恢复到曲线原位。

这个曲线调整层只是用来做碉楼的亮调的。看工具箱中如果背景色是黑，按Ctrl+Delete组合键，在蒙版中填充黑色。再在工具箱中选择画笔工具，设置前景色为白色，并在选项栏中设置合适的笔刷直径和最低的硬度参数，然后用白画笔在碉楼的适当位置涂抹，让当前调整层的亮调效果在碉楼上显现出来。一笔涂抹不好，需要不同大小的多笔涂抹，甚至需要转换黑白前景色来反复修饰碉楼的亮调区域，直到满意。

再次打开图层混合模式下拉框，将当前层的混合模式设置为“浅色”，并将其不透明度参数适当降低到70%左右。现在看起来碉楼上这一抹亮色给这个古建筑提色不少，使旧式的碉楼更有一种沧桑感。

最终效果

片子的影调一步一步调整到现在，可以说完了，也可以说没有完。因为还可以继续做其他各种影调和色调的尝试。

现在的片子看起来，人物与环境背景的个性都非常突出，现代与历史的元素对比非常强烈，人物与碉楼的反向呼应很是明确。

与原片相比，调整后的片子有了极其强烈的艺术情绪，这才是环境人像调整的感情刻画。也就是说，我们调整环境人像的目标绝不是简单弥补前期拍摄的不足和失误，而应该立足于艺术的创作。

塑造特定环境中的特定人物 13

在环境人像中，有一种环境肖像人物摄影，是用艺术的手法表现特定职业在其工作环境中的形象。这介于纪实与艺术人像之间吧！我在油田的采油井场上遇到一位石油工人，他认真的工作态度、憨厚的性格、高大的形象引起了我的兴趣，于是拉住他随手拍摄了这张环境肖像照片。但是当时的天气和光线太差了，只能先拍下来，其他的回来再修。

准备图像

打开随书赠送学习资源中的13.jpg文件。

我让这位石油工人站在镜头前，远望前方，背景是他工作的采油井场。使用30mm镜头是为了强烈地突出主人公，F8光圈确保人物主体与背景都清晰。最担心的是天空过曝，于是按照天地交界的地方测光再减一挡曝光。因为同事在催促，所以当时拍摄完连看都没看就往回跑。

回来看这片子，总舍不得放弃，于是便小心地尝试调整。

利用色阶调整层处理影调

先做色阶调整，解决片子的整体影调问题。

打开图层面板，在图层面板最下面单击创建新的调整层图标，在弹出的菜单中选择“色阶”命令，建立一个新的色阶调整层。

按照直方图的形状，把右侧的白场滑标向左移动到直方图最右侧。尽管片子影调还不好，但现在已经是全色阶了。

精确获取人物选区

这张片子的调整思路是把人物与环境分开来调整，因此精确获取人物选区是关键操作。

打开通道面板，选择反差最大的蓝色通道，用鼠标拖到下面的创建新通道图标上，复制成一个新的蓝副本通道。

现在处于蓝副本通道操作状态下。

按Ctrl+M组合键直接打开“曲线”对话框。

在“曲线”对话框中，选择白色吸管单击亮调的天空，选择黑色吸管单击人物脸部皮肤。

现在人物与天空黑白分明了。

要在通道中继续做，必须把人物与背景完全分离开。在工具箱中选择画笔工具，用白色的画笔涂抹环境，用黑色画笔涂抹人物。但是这里人物与地面景物的边缘分不清楚，所以我们打算回到图层去做。

在通道面板最下面单击载入选区图标，看到蚂蚁线了，当前通道的选区已经载入。

单击最上面的RGB复合通道，回到最上面，看到彩色图像了。

快速蒙版精确修饰选区

回到图层面板，蚂蚁线还在。

在工具箱最下面单击快速蒙版图标，进入快速蒙版操作状态。

在快速蒙版中，半透明的红色表示选区之内，所以现在天空背景为半透明的红色。而这样并不利于操作，因此要将选区反选过来。

按Ctrl+I组合键，反选现在的选区。可以看到天空成了白色，而环境场景和人物等原来比较暗的画面成了半透明的红色。

现在要将除了人物以外的其他场景都涂抹掉。

在工具箱中选择画笔工具，在图像中单击鼠标右键，弹出笔刷设置面板，选择合适的笔刷直径和较高的硬度参数。

用白色画笔将人物背后景物中的红色涂抹掉。

在快速蒙版中，白色涂抹为透明，是选区之外；黑色涂抹为半透明的红色，是选区之内。

在靠近人物边缘的地方，为了看得更清楚，可将图像放大。为了涂抹得更准确，要适时调整笔刷的直径和硬度参数。

对于人物的边缘，也需要用白色画笔精心涂抹，这就要设置较小的笔刷直径和较高的硬度参数。

这是一个细致的工作，需要耐心和时间。

填充蒙版

人物精确选区经过认真处理完成了，按Ctrl+I组合键将选区再次反选。

在工具箱最下面再次单击快速蒙版图标，退出快速蒙版，看到蚂蚁线了。

在图层面板上单击当前色阶调整层的蒙版图标，激活蒙版，然后按Alt+Delete组合键在蒙版中填充黑色。

可以看到，蒙版中除了人物以外的其他部分填充了黑色，这些地方被遮挡，当前调整层只作用于主体人物。

将图像放大，仔细检查蒙版边缘，对于不满意的地方，在工具箱中选择画笔工具，设置较小的笔刷直径，细致修整蒙版边缘。

载入蒙版选区

然后，我们要继续调整图像，这个人物选区要反复使用。

按住Ctrl键，用鼠标单击当前层的蒙版图标，蒙版选区被载入，看到蚂蚁线了。

调整人物脸部影调

在图层面板最下面单击创建新的调整层图标，在弹出的菜单中选择“曲线”命令，建立一个新的曲线调整层。

在弹出的“曲线”面板上选中直接调整工具，将光标放在人物脸部，按住鼠标向上移动，看到人物的脸部和人物整体都亮起来了。

这个调整层只用来提亮人物脸部。

在工具箱中选择画笔工具，设置前景色为黑色，并设置稍大的笔刷直径和硬度参数，将人物的衣服、帽子涂抹掉。

现在人物脸部的影调看起来舒服了。

调整天空影调

观察图像，感觉背景天空的影调过于灰暗，需要处理天空的影调。

在图层面板最下面单击创建新的调整层图标，在弹出的菜单中选择“曲线”命令，再建立一个曲线调整层。

在面板中选中直接调整工具，在图像中先按住天空中较亮的地方稍向下移动鼠标，再按住天空中较暗的地方向下移动鼠标。这样做是为了在加大天空反差的同时，压暗天空，突出前景主体人物。

在工具箱中选择渐变工具，设置前景色为黑色，渐变颜色为“前景色到透明”，线性渐变，然后在地面到天空的交界处从下向上拉出渐变线，地面被遮挡，恢复原来的影调。

在工具箱中选择画笔工具，设置前景色为黑色，并设置合适的笔刷直径和硬度参数，将人物的脸部涂抹回来。

用很大的画笔把图像左上角很暗的地方涂抹回来。

现在整个片子的影调大致正常了。

调整天空色调

再来调整天空的色调，让天空呈现一种充满希望的暖色调。

因为现在天空是灰色的，因此直接做色相/饱和度是不行的。

在图层面板最下面单击创建新的调整层图标，在弹出的菜单中选择“曲线”命令，建立一个曲线调整层。

打开面板上的通道下拉框，选中红色通道。在面板上选中直接调整工具，在图像中将天空亮调的地方稍向上提起，在图像中暗调的地方按住鼠标稍向下压。天空中的亮调部分增加了红色。

再打开通道下拉框，选中绿色通道。在图像中分别选择天空中的亮调、中间调和暗调地方，按住鼠标适当向上或向下稍稍移动。现在天空中的绿色反差增强了，亮调部分更偏暖了。

再次打开通道下拉框，选中蓝色通道。在图像中分别选中亮调和暗调地方，将亮调稍向下压一点，将暗调反而稍向上移动一点点。

这样，天空中灰调子的地方就增加了蓝色，红蓝相加，这里局部颜色偏品，更有霞光的感觉。

最后打开颜色通道，选中RGB复合通道。

在图像中用鼠标将亮调和暗调分别向上和向下稍稍移动，整体加大了天空的反差。

从通道调整色彩的最大好处在于不会增加噪点，而且颜色控制非常精细。

调整图像整体的色调

最后来整体调整图像的色调。

在图层面板最下面单击创建新的调整层图标，在弹出的菜单中选择“色彩平衡”命令，建立一个色彩平衡调整层。

在弹出的“色彩平衡”面板中，色调当前默认为中间调。分别将第一个滑标和第三个滑标稍向左侧移动。也就是说，增加了青色和黄色。

在面板上的“色调”选项中选中高光。

适当将第一个滑标向右侧移动，增加红色，再将第三个滑标稍向左移动。这样做是为了在图像的高光地方增加暖调。

最后打开面板上“色调”选项中的阴影。

适当增加青色和绿色，第三个滑标不动。这样就在图像的暗调部分增加了冷色。

别忘了，在当前层的蒙版中，还需要将人物的脸部涂抹回来，否则脸色就偏黄绿色了。

最终效果

全部调整完成。

可以看到，图像中石油工人丰满高大，背景天空曙色亮丽，井场环境特色鲜明，很好地表现了当代石油工人的正面形象。

图像调整并没有严格的规定，可以依照自己对片子的理解来调整影调和色调。每个人都有自己的想法，可以尝试不同的影调和色调效果。环境人物肖像摄影，要根据人物的职业特征和环境来处理好环境与人物的关系。

在通道中获得的选区和调整颜色，使我们对图像的控制做到了心中有数。

NY.

用ACR处理图像 14

过去ACR是Photoshop的捆绑软件，专门用来解读RAW格式的图像文件。从CS6版开始，Photoshop将ACR作为专用工具放在滤镜菜单下，这为熟悉ACR操作的朋友提供了极大的方便。几乎所有的照片都可以从Photoshop进入ACR做后期处理，方便、简捷、高效，大概可以替换过去复杂的调整层操作了。

准备图像

打开随书赠送学习资源中的14.jpg文件。

在美国一个小城的街头，看到这位老人在吹奏萨克斯，音调舒缓，似乎在诉说着老人的心里话，与他那带有忧伤的眼神相吻合。征得他的同意，我拍了这张照片。

从纪实的角度看，这张照片没有什么再处理的空间了。但我被老人那专注凝重的眼神所打动，非常想着力刻画他的内心。

转换智能对象

首先，选择“滤镜\转换为智能滤镜”命令，在弹出的对话框中提示“选中的图层将转换为智能对象，以启用可重新编辑的智能滤镜。”，单击“确定”按钮退出。看到图层面板上，当前层变为图层0，缩览图的右下角出现了一个图标，这就是智能对象标识。智能对象的好处是可以跨平台反复操作，如同调整层的非破坏性调整一样。

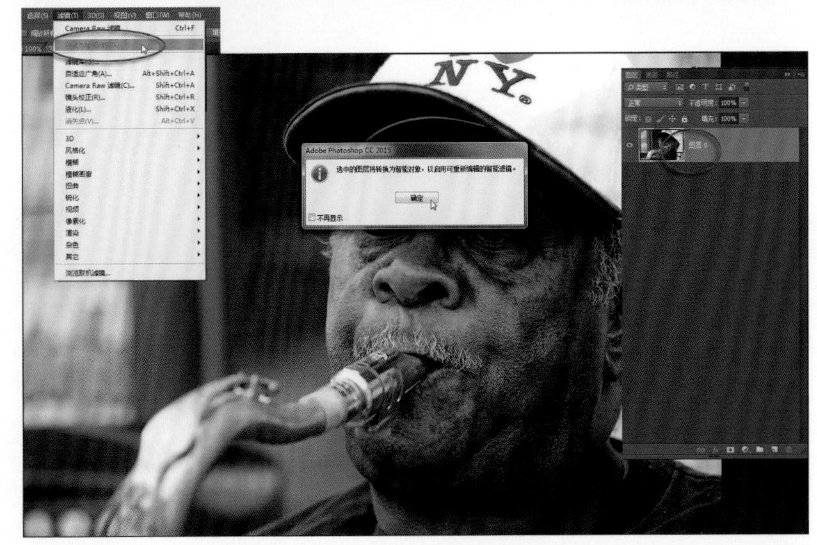

压暗背景环境

选择“滤镜\Camera Raw滤镜”命令，自动进入ACR操作界面。这个界面对于熟悉RAW处理的朋友来说是很熟悉的，其理念更贴近摄影人的思维，操作也更简便。

当前处理的这个图层是专门用来压暗背景环境的。在ACR的基本操作面板中，将曝光、对比度、阴影等参数滑标都向左移动，图像大幅度地暗下来了。

要随时观察上面的直方图，看到直方图基本在最左边的暗调区，而色阶0又不能“撞墙”，保持暗部层次。满意了，就按右下角的“确定”按钮返回Photoshop。

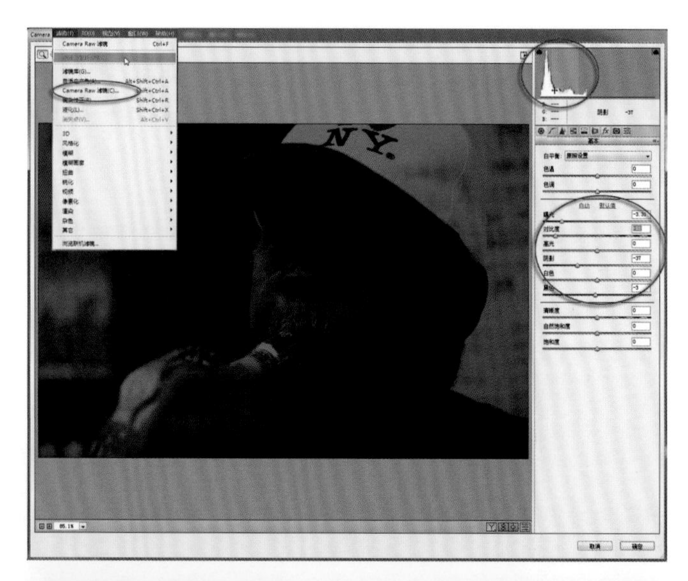

现在看到当前层的下面出现了智能滤镜。这个智能滤镜层是在当前层的下面，它只对这个当前层起作用，白色框是智能滤镜的蒙版，下面是所用的智能滤镜，可以在一个当前层上添加多个智能滤镜。

在当前图层0的位置上单击鼠标右键。

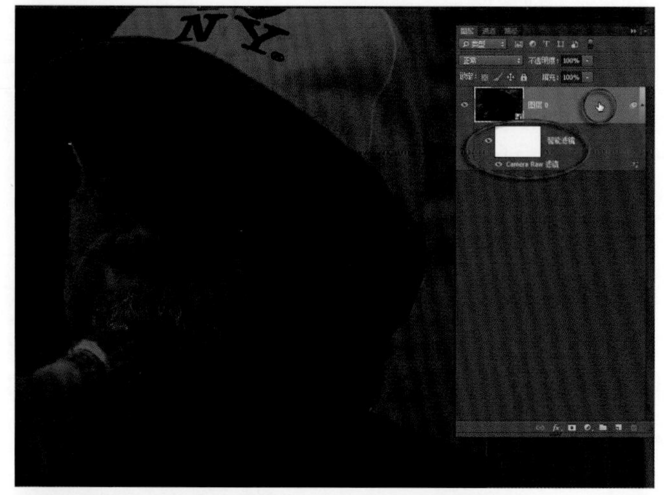

在弹出的菜单中选择“通过拷贝新建智能对象”命令，复制一个智能对象层。

不能将当前层拖曳到图层面板最下面的创建新图层图标上复制当前层，因为复制的智能对象不能分别处理。必须通过拷贝建立新的智能对象，然后对不同的智能对象做不同的调整参数处理。

提亮主体人物

再来处理主体人物的影调。

在图层面板上，双击拷贝的智能对象下面的Camera Raw滤镜名称，就可以重新进入ACR操作状态。

重新进入ACR后，现在要调整主体人物的影调。

不知道应该先动哪个参数，没关系，先单击“自动”按钮，就像使用相机的自动挡一样，图像按照常规曝光参数做了相应的调整，图像的整体影调基本正常了。

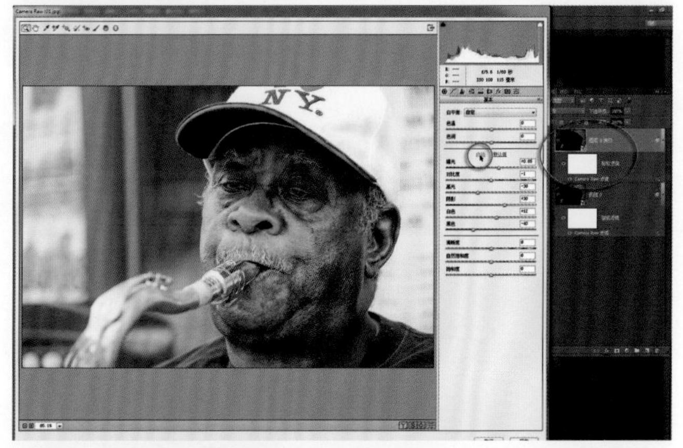

然后根据图像的实际情况，细致调整各项参数。

感觉“自动”调整后，高光部分有过曝，看上面的直方图，色阶最右边“撞墙”了。适当调整曝光参数，大幅度降低高光和白色参数，提高清晰度参数，适当提高一点自然饱和度。看人物脸部的影调满意了，单击右下角的“确定”按钮退出。

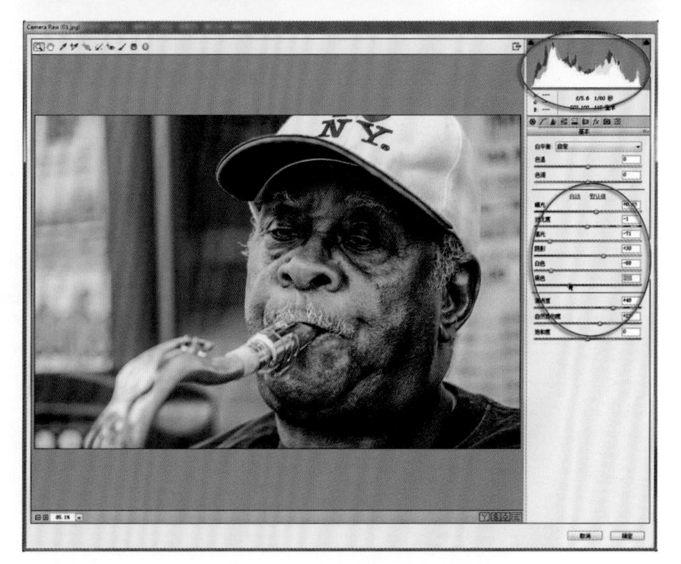

回到Photoshop。

现在看到的图层是解决人物脸部影调的，要将当前层的背景环境遮挡掉，露出下面已经调暗的背景环境图像。

在图层面板最下面单击创建图层蒙版图标，看到当前层缩览图后面出现了图层蒙版。要用图层蒙版来做当前层图像的调整区域控制。

当前层的图层蒙版与下面的智能滤镜层蒙版的作用是不一样的。图层蒙版控制当前层的图像哪些保留，哪些遮挡，其蒙版效果会与下面其他图层影像相互关联。而滤镜蒙版只控制所使用滤镜作用在当前层的区域，它不与下面其他图层有关联。

在工具箱中选择画笔工具，设置前景色为黑色，并设置合适的笔刷直径和最低的硬度参数，然后用黑画笔涂抹背景环境区域。可以看到在蒙版的作用下，当前层较亮的背景环境图像被遮挡掉了，露出了下面图层较暗的背景环境图像。

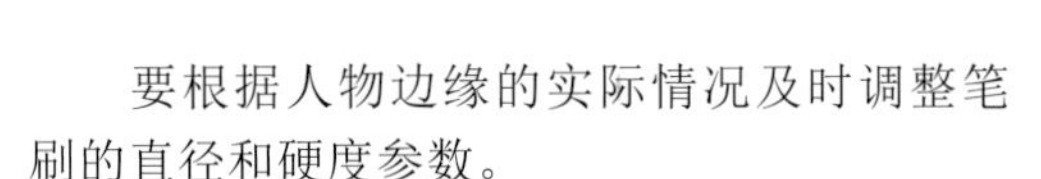

要根据人物边缘的实际情况及时调整笔刷的直径和硬度参数。

涂抹到人物边缘很清晰的地方时，需要适当用较小的笔刷直径和中等硬度参数来涂抹。有时候还需要将图像放大来做，以使蒙版的边缘与人物环境的边缘相吻合。

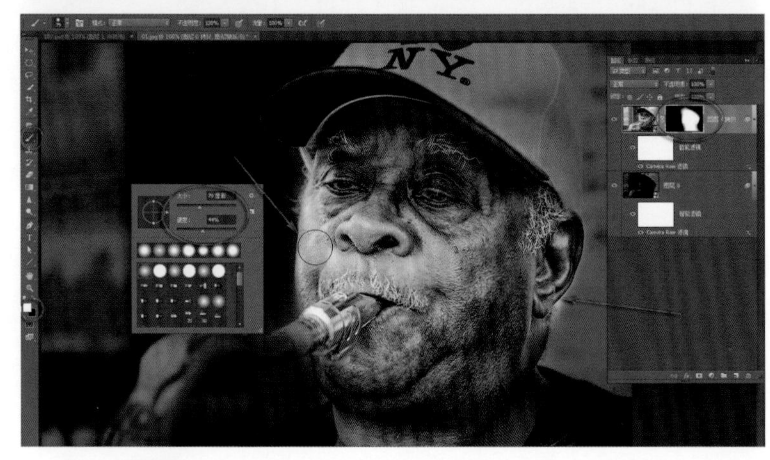

感觉乐器的影调太暗了，需要适当提亮。设置前景色为白色，并设置合适的笔刷直径和中等的硬度参数，用白画笔在乐器上一笔涂抹完成，中间不要抬鼠标。然后选择“编辑\渐隐画笔”命令，在弹出的“渐隐”对话框中，将不透明度参数滑标向左移动，看到刚刚涂抹的乐器部分图像影调亮度满意了，单击“确定”按钮退出。

如果对涂抹的区域不满意，不要反复修改。索性用黑笔大面积覆盖，然后再用白笔重新涂抹。

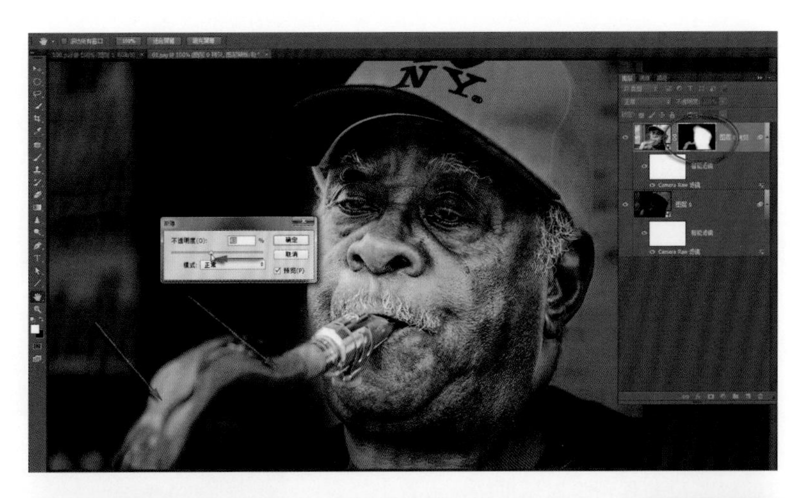

反复调整智能对象

智能对象的一大好处就是可以反复调整。

感觉人物的高光部分有点过了。在图层面板当前层的Camera Raw滤镜名称上双击鼠标，重新进入RAW操作界面。精细调整曝光参数，适当降低曝光、对比度和高光等参数，看到人物影调满意了，单击右下角的“确定”按钮退出。

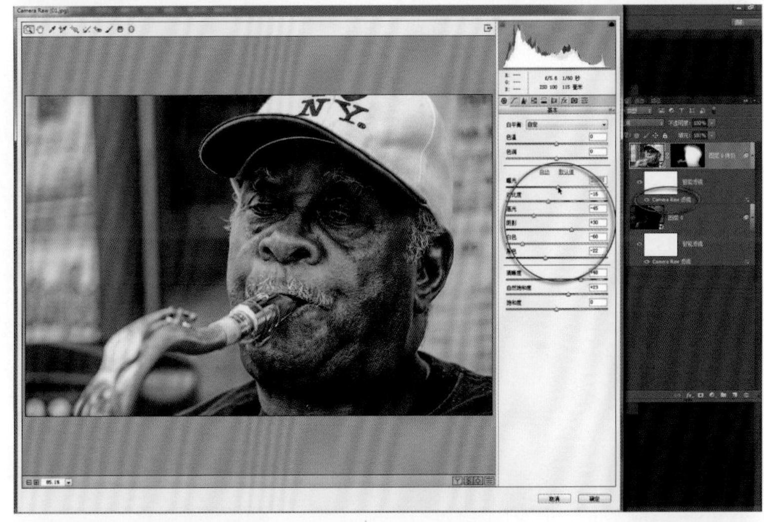

感觉背景环境的影调还有点抢眼。

在背景环境层下面的Camera Raw滤镜名称上双击鼠标，重新进入RAW操作界面。把高光和白色参数降到最低，又降低了自然饱和度参数。看到背景环境已经很黯淡了，单击右下角的“确定”按钮退出。

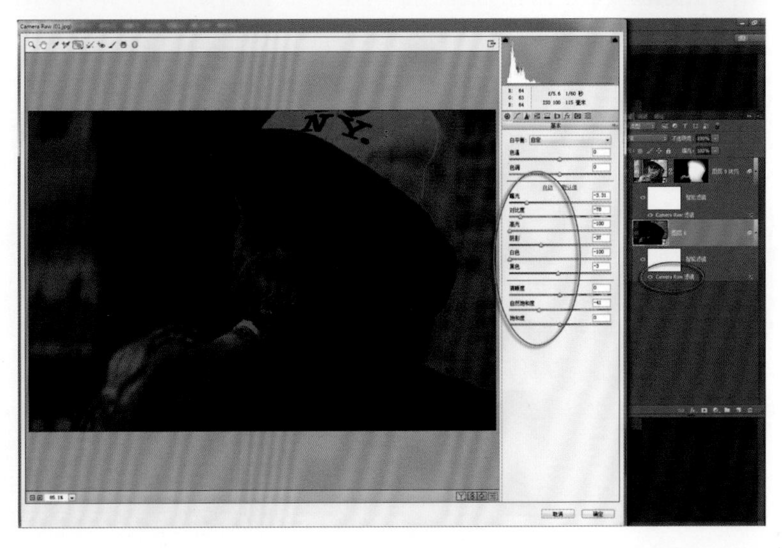

锐化局部影像

片子的影调满意了，再来强调人物的清晰度，做人物脸部的锐化。

在图层面板上单击最上面的图层为当前层。按Ctrl+Alt+Shift+E组合键，为当前处理效果做一个盖印。看到图层面板的最上面产生了一个新的图层1。

选择“滤镜\其他\高反差保留”命令，在弹出的“高反差保留”对话框中，设置半径参数为2.0左右，然后单击“确定”按钮退出。

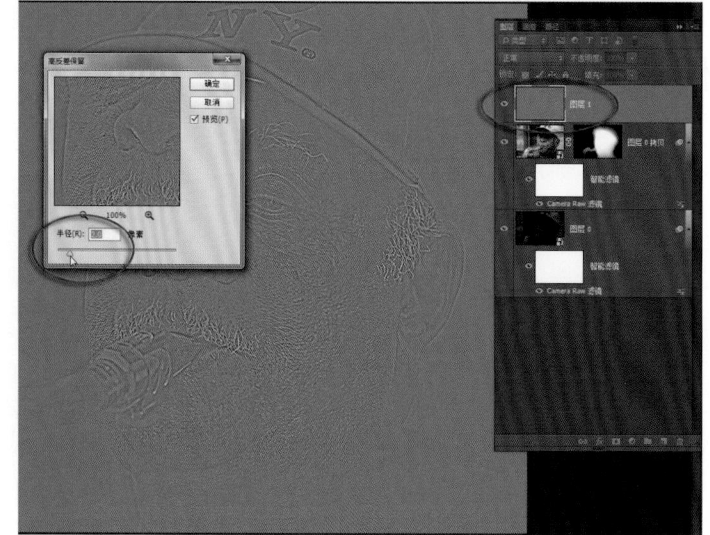

打开图层面板最上面的图层混合模式下拉框，选中“叠加”命令。图像已经被锐化了。

我们只想锐化人物，不能同时也锐化背景环境，因此需要为当前层制作蒙版。这个层的蒙版与下面人物调整层的蒙版是相同的，按住Ctrl+Alt组合键，用鼠标将下面人物图层的蒙版拖曳到当前锐化图层来，这个蒙版就被复制过来了。

如果觉得现在的锐化程度还不够，可以将当前的锐化图层1拖曳到图层面板最下面的创建新图层图标上，再复制一个甚至两个锐化图层。

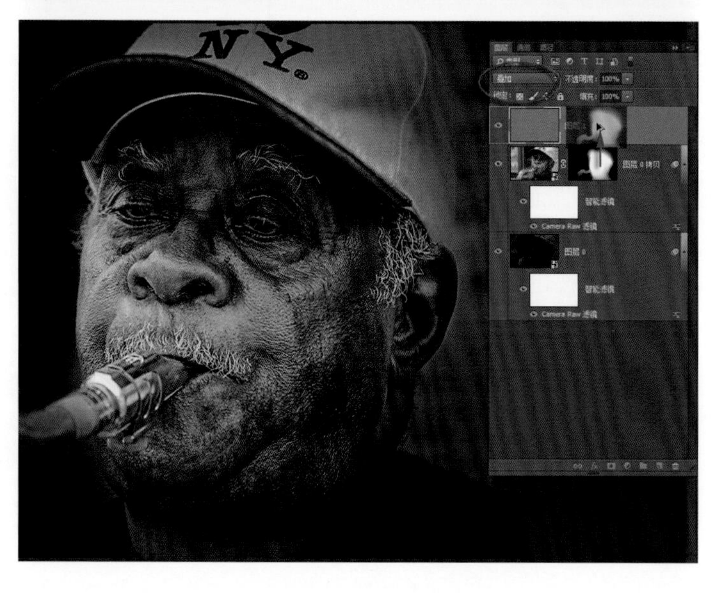

最终效果

片子经过影调的处理，从一张普通的扫街人像变成了低调的肖像摄影作品。人物的神态刻画得非常突出，画面是无声的，但此时无声胜有声，我们从老人的眼神、嘴角、须眉感觉到老人内心的沉重，感觉到他的人生态度和坎坷经历。

这个实例讲述了用ACR处理JPEG图像的思路和方法，而ACR处理数码照片更吻合摄影人的思路和习惯，操作更方便简捷。用好智能滤镜+ACR的技法，对于我们处理数码照片来讲，又有了一条捷径。

需要特别说明的是，尽管可以用ACR来调整JPEG图像，但不可能恢复JPEG图像中已经缺损的影调层次。JPEG与RAW的图像质量与信息含量根本不是一个档次。

旅游纪念照也靓丽 15

在旅游过程中，总会拍一些旅游纪念照。但是，旅游纪念照的作用不应该只是证明某人到了某地，而应该表现某人对某地风光场景的感觉和享受。提高旅游纪念照的艺术性，不仅可以供当事人及其家人欣赏，而且能够使更多的人感受到人与自然的完美融和。因此，旅游纪念照也应该处理得更加靓丽吸引人。

准备图像

打开随书赠送学习资源中的15.jpg文件。

在海边旅游，被大海的波涛所感动，在这样的海边拍一张纪念照是很自然的事。而拍摄时没有让被摄者面对镜头尴尬地微笑，而是面向大海任思绪飞扬。由于拍摄时间和位置的限制，人的面部很暗，另外衣服颜色与海天靠色，天空也过亮，这些都是要做后期调整的。

观察直方图

首先从直方图来判断这张图的影调，可以看出，整体色阶基本完整，也就是说前期拍摄曝光没有问题。表现天空的蓝色和青色主要在亮调，这是很自然正常的。红色和黄色主要在中间调和偏暗的地方，这也属正常。

我们似乎不需要调整什么，但我们要从增强艺术表现力的角度来考虑。压暗天空才能突出主体人物。

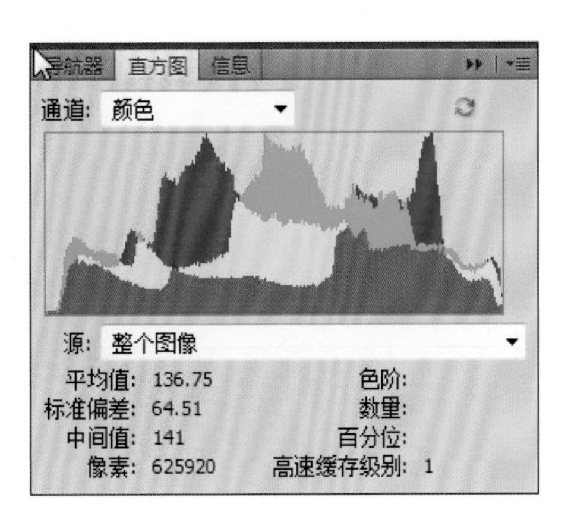

压暗天空和浪花影调

在图层面板最下面单击创建新的调整层图标，在弹出的菜单中选择“曲线”命令，建立一个新的曲线调整层。

在“曲线”面板上选中“直接调整工具”，在图像中天空位置按住鼠标向下移动，看到整个片子都暗下来了，没关系，只要天空部分的影调满意了就行。

根据在曲线面板中看到的直方图形状，将左侧的黑场滑标稍向里移动一点点，与直方图左侧起点相吻合。

在工具箱中选择渐变工具，设置前景色为黑色，并在上面选项栏中设置渐变颜色为“前景色到透明”，渐变方式为“线性”。

用渐变工具在天地交界处大致拉出渐变线，在蒙版的遮挡下，地面部分恢复了原来的影调。

在工具箱中选择画笔工具，设置前景色为白色，并在上面选项栏中设置合适的笔刷直径和最低的硬度参数。

用白色画笔把靠近岸边的浪花部分涂抹出来，这样一来，原来过亮的白色浪花的层次也显现出来了。

人物的上半身处在天空中，也被压暗了，需要涂抹回来。

在工具箱中选择放大镜，将需要涂抹的人物局部放大。

在工具箱中选择画笔工具，设置前景色为黑色。在图像中单击鼠标右键，在弹出的“笔刷”面板中设置合适的笔刷直径和大约70%的硬度参数，然后用黑画笔细心地把人物的部分涂抹出来。

处理人物脸部影调

人物的脸部背光，影调偏暗，要专门处理。

在图层面板最下面单击创建调整层图标，在弹出的菜单中选择“曲线”命令，建立一个新的曲线调整层。

在曲线面板上选中“直接调整工具”，将光标放在人物脸部按住鼠标向上移动，看到曲线上相应的控制点向上抬起曲线，图像影调变亮，调整直到人物脸部影调满意。

首先在蒙版中填充黑色，刚刚调整的效果完全被遮挡掉。

在工具箱中选择画笔工具，设置前景色为白色，并在上面选项栏中设置合适的笔刷直径和70%的硬度参数，然后用白画笔把人物头部和上半身涂抹出来。脸部的边缘可以用笔刷压着边缘涂抹，天空出现了一个亮边，没有关系，下一步会处理。下半身不用涂抹了，但这里应加大笔刷直径，设置最低的硬度参数，避免涂抹出痕迹来。

直接用笔刷涂抹人物脸部边缘很难做得非常准确，不是天空出亮边就是脸部出暗边，所以先用笔刷骑着脸部轮廓线涂抹，天空有亮边没关系。

在当前层的图层蒙版图标上单击鼠标右键，在弹出的菜单中选择“调整蒙版”命令。在弹出的“调整蒙版”对话框中选中“调整半径工具”，勾选“智能半径”选项。如果要改变笔刷直径设置，可以在最上面的选项栏中进行设置。这里让笔刷直径略大于人物脸部的亮边。

用笔刷骑着刚才涂抹的人物脸部边缘涂抹下来，笔刷的直径圆一半在天空，一半在脸部。沿着边缘涂抹，可以多笔反复涂抹。

抬起鼠标可以看到，在智能识别的作用下，蒙版的边缘将人物的脸部与天空区分得非常精准。

满意了，就按“确定”按钮退出。

处理浪花影调

现在感觉左下角浪花的层次还是没有出来。

在图层面板最下面单击创建调整层图标，在弹出的菜单中选择“曲线”命令，建立一个新的曲线调整层专门来做浪花。

在弹出的“曲线”面板上选中“直接调整工具”，在浪花中不是最白的地方按住鼠标向下移动，看到浪花的影调压暗了，层次出来了。

这个调整层是专门处理浪花的，还要把除了浪花之外的其他地方遮挡回来。

在蒙版中填充黑色。在工具箱中选择画笔工具，设置前景色为白色，并在上面的选项栏中设置较大的笔刷直径和最低的硬度参数。

用白色画笔把岸边的浪花涂抹出来，浪花的层次也满意了。

处理色调

现在来处理片子的整体色调，让图像的颜色更鲜亮一些。

在图层面板最下面单击创建调整层图标，在弹出的菜单中选择“色相/饱和度”命令，建立一个新的色相/饱和度调整层。

在弹出的“色相/饱和度”面板中，将全图的饱和度滑标提高30左右。

感觉天空中蓝色过于鲜艳，打开颜色通道选择蓝色。

将明度参数滑标向左移动到-30左右，天空的蓝色暗下来了，这样有利于突出主体人物。

调整人物衣服的颜色

主体人物衣服的颜色与天空、海水都相近，希望换一个能跳出来的颜色效果。

在图层面板最下面单击创建新的调整层图标，在弹出的菜单中选择“纯色”命令，建立一个颜色调整层。

在弹出的拾色器中设置纯红色（R：255，G：0，B：0），然后单击“确定”按钮退出。可以看到当前红色调整层中的红色覆盖了全图。

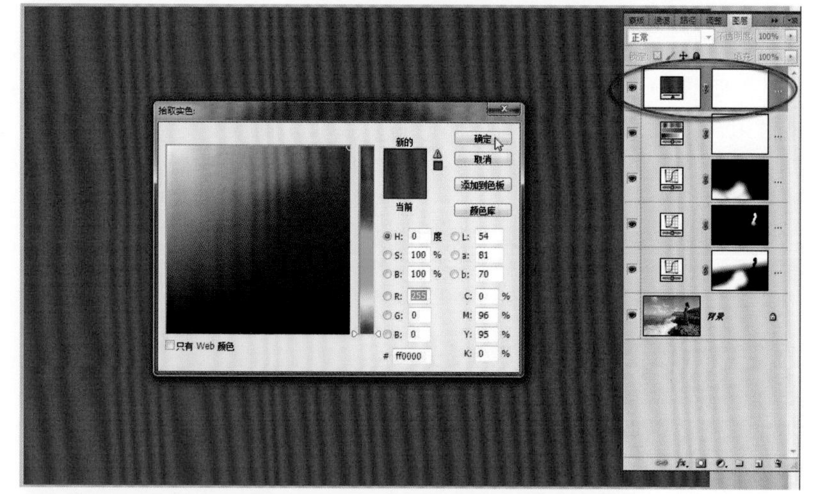

在图层面板上打开图层混合模式下拉框，选中“叠加”命令，可以看到图像中红色调整层与下面的图像叠加，为图像蒙上了一层红色，但下面图像的影调还在。

在蒙版状态中填充黑色。

在工具箱中选择画笔工具，设置前景色为白色，然后在图像中单击鼠标右键，在弹出的笔刷设置面板中设置所需的笔刷直径，硬度参数设置在70%为宜。用白画笔把主体人物的衣服细心涂抹出来，人物的裙子颜色变成了红色。

还要用黑色画笔小心地把人物手臂与衣服相叠合的地方涂抹出来。可能要不断改变前景色的颜色，或黑，或白。改变前景色的快捷键是X键。

如果想试验衣服的其他颜色效果，可以在图层面板上双击调整层图标，重新打开拾色器，拉动颜色滑标，先选中所需的主色调，再在色板上单击具体所需的颜色位置，满意了单击“确定”按钮，完成颜色替换。

局部图像变形

图像的影调和色调调整都完成了，现在看感觉人物的头顶有畸形，这是因为拍摄时使用了广角镜头。

做畸形矫正先要复制出一个新的图层。按Ctrl+Alt+Shift+E组合键，将当前所有调整效果盖印，产生一个新的图层。

在工具箱中选择“矩形选框工具”，在图像中人物头像部分大致建立一个选区。

选择“滤镜\液化”命令，打开液化对话框。

在左侧工具栏中选中最下面的放大镜，在图像上单击将图像放大到充满桌面。

在对话框左侧工具栏中选中最上面的“向前变形”工具，在右侧参数区设置合适的笔刷直径参数。

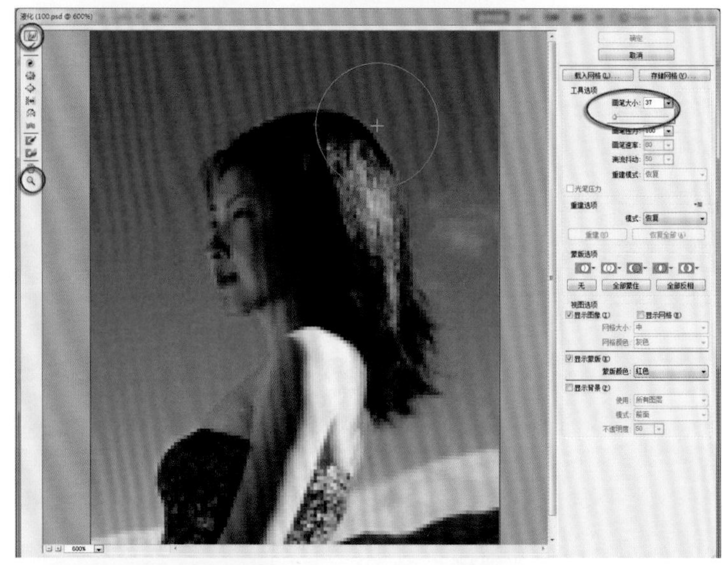

用向前变形工具在人物头顶位置按住鼠标向内侧适当移动，让头骨呈圆形，头发下面再稍向内压一点，看到头形完全舒服了，单击“确定”按钮退出。

最终效果

经过这样的调整，全图的影调和色调都舒服了。红衣女孩站立在海边，面对海阔天空，浪涛拍岸，心旷神怡。人与景完全相融，景与人相得益彰。这样的旅游纪念照更显出艺术倾向，更吸引观众的视线，这已经不是到此一游的纪念照，而是真正的艺术作品了。

用影调突出主体人物 16

纪实摄影要求不能改变照片的原有像素内容，也就是说纪实照片的处理，不允许改变照片中哪怕一个树枝、一块石子、一根头发。纪实照片只能调整影调关系，而做好纪实照片影调关系的调整，对于提升纪实照片的表现力非常重要，这也几乎是纪实照片后期处理的主要操作思路。

准备图像

打开随书赠送学习资源中的16.jpg文件。

照片拍摄了北方冬季山村里，一位羊倌带着他的羊群走过村头，旁边是他忠实的牧羊犬。画面中羊倌的神态、步态很不错，牧羊犬与身后羊群和羊倌的关系交代明确，房屋、残雪、天空都准确地烘托了环境气氛。整张片子表现了北方农村里一位普通农民的生活状况与生活态度。

调整天空影调

现在感觉人、狗、羊三者的影调关系不舒服，主体人物的影调偏暗，天空过亮。这些都需要一步一步调整处理。

先来压暗天空。

打开通道面板，选择一个反差最大的通道是蓝通道。用鼠标将蓝通道拖到通道面板最下面的创建新通道图标上，复制成一个新的蓝拷贝通道。

选择“图像\调整\曲线”命令，快捷键是Ctrl+M。在打开的“曲线”对话框中，选中黑色吸管，用黑色吸管单击图像中灰色的房屋，设定以此为黑。看到曲线上最左下角的控制点向右移动了，在曲线上靠近黑白的两端单击建立两个控制点，分别将两个控制点向上、向下移动，让曲线呈S形。

看到天空与地面的边缘清晰了，按“确定”按钮退出曲线。

地面部分还有很多不是黑色的地方。在工具箱中选择画笔工具，设置前景色为黑色，并设置合适的笔刷直径和中等的硬度参数，然后用黑画笔将地面中的所有景物都涂抹为黑，注意不要碰天地边缘。

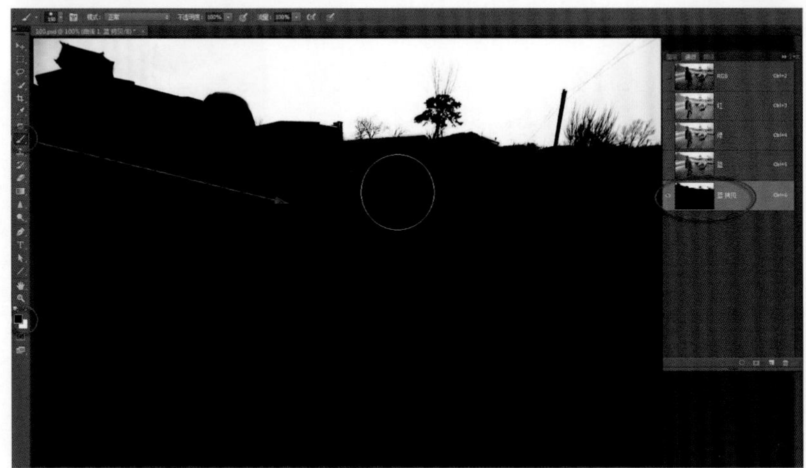

天空的部分已经清晰了。在通道面板最下面单击将通道载入选区图标，看到蚂蚁线了，天空部分作为选区载入了。

在通道面板最上面单击RGB复合通道，看到红、绿、蓝通道都被选中打开。

回到图层面板。

在图层面板最下面单击创建新的调整层图标，在弹出的菜单中选中“曲线”命令，建立一个新的曲线调整层。

在弹出的“曲线”面板中选中直接调整工具，用鼠标在图像中按住天空中暗调位置向下移动，看到曲线上产生相应的控制点也向下压低曲线，天空暗下来了。再将最右上角的曲线白点向下适当移动，看到图像中天空影调压下来了。

现在看天地交界处还有一些痕迹。

在工具箱中选择画笔工具，设置前景色为黑色，并在上面选项栏中设置较大的笔刷直径和最低的硬度参数，然后用黑画笔将天地交界处的痕迹单击涂抹掉，看到天地交界地方的影调也舒服了。

调整人物影调

再来调整主体人物的影调。

再次在图层面板最下面单击创建新的调整层图标，在弹出的菜单中选中“曲线”命令，建立第二个曲线调整层。

在弹出的“曲线”面板中选中直接调整工具，在图像中按住人物的衣服中间亮度影调位置向上移动，看到曲线上产生相应的控制点也向上移动抬起曲线，整个图像都亮了。在曲线左下方单击鼠标建立一个新的控制点，将这个控制点移动放回曲线原始位置，以保持人物的影调与反差。

这个调整层只管人物影调。查看工具箱中背景色为黑色，按Ctrl+Delete组合键，在蒙版中完全填充黑色。

在工具箱中选择画笔工具，设置前景色为白色，在图像中单击鼠标右键，在弹出的画笔面板中设置合适的笔刷直径和中等硬度参数，然后用白画笔涂抹人物和狗，看到人物和狗的影调亮起来了。如果对人物和狗的亮度不满意，可以在图层面板上双击当前层的图标，再次打开“曲线”面板重新调整曲线参数。

调整图像色调

感觉图像色彩过于鲜艳。

在图层面板最下面单击创建新的调整层图标，在弹出的菜单中选择“色相/饱和度”命令，建立一个新的色相/饱和度调整层。

在弹出的“色相/饱和度”面板中，将饱和度滑标向左移动，看到图像的色彩不再鲜艳了。这样的色调符合这个场景当时的感觉。

纪实照片调整到这样，也可以算完成了。但还可以再做一些影调上的调整，让片子的主体更突出。

压暗周围环境影调

将图像中周围环境的影调适当压暗，有利于突出主体人物。

在图层面板最下面单击创建新的调整层图标，在弹出的菜单中选择“曲线”命令，建立一个新的曲线调整层。在弹出的“曲线”面板中选中直接调整工具，在图像靠边的亮调位置按住鼠标向下移动，看到曲线上产生相应的控制点也向下移动压低曲线。将曲线右上角的白色起点适当向下移动，在左下角靠近黑色起点的位置单击曲线建立一个控制点，并向上移动复位暗部曲线。现在片子的影调暗下来了，并降低了反差。

在工具箱中选择画笔工具，设置前景色为黑色，并设置较大的笔刷直径和最低的硬度参数，然后用黑画笔涂抹图像中间部分的人、狗、羊和环境。大笔刷、低硬度就是为了涂抹的边缘没有痕迹。看到周围环境暗了一些，中间部分的主体人物和环境更显突出。

提亮人物局部影调

感觉人物脸部影调还可以再提亮一点。

在图层面板最下面单击创建新的调整层图标，在弹出的菜单中选择“曲线”命令，再建立一个新的曲线调整层。在弹出的“曲线”面板中选中直接调整工具，在图像中人物脸部按住鼠标向上移动，看到曲线上产生相应的控制点也向上移动抬高了曲线。

确认工具箱中前景色为白色，背景色为黑色。

按Ctrl+Delete组合键在蒙版中填充黑色，当前层的调整效果完全被遮挡掉了。

在工具箱中选择画笔工具，设置合适的笔刷直径和中等的硬度参数，然后用白画笔将人物脸部涂抹出来。主体人物的神态和精神头立刻显现出来了。

适当改变色调

原片色调偏暖。

在图层面板最下面单击创建新的调整层图标，在弹出的菜单中选择“曲线”命令，再建立一个新的曲线调整层。在弹出的“曲线”面板中打开颜色通道下拉框，选中绿色通道。然后选中直接调整工具，在图像中人物衣服位置按住鼠标向上移动一点，看到曲线上产生相应的控制点也向上移动抬高了绿色曲线。

再打开通道下拉框，选中蓝色通道。用直接调整工具再到图像中按住衣服位置稍向下移动一点点，曲线也被向下动了一点点。

图像中加了绿，减了一点点蓝，使全图色调呈现有点偏绿的冷调子，感觉更符合片子主题的要求。为了达到冷色调效果，除了加绿之外，是否减红，加蓝还是减蓝，都看个人喜好和感觉。

要点与提示

纪实照片的调整，在不改动照片中任何像素内容的前提下，调整好影调，处理好片子中各个元素的关系，这是突出主题、提升照片视觉效果的基本思路。

这个实例非常典型，前半部分是纪实照片的基本调整，有效地处理好了照片的基本影调和色调，起到了强调主题的作用。而后半部分对于影调和色调的进一步调整，则大大改观了照片的视觉效果。对于后半部分的调整，在纪实摄影照片中是否被允许，一直有不同的意见在探讨。

第5章 影棚人像

影棚人像也要精修 17

在影棚拍摄人像，可以从容布光，慢慢调整。所以一般来说，影棚人像后期处理的空间余地不大。但是影棚人像的特点就在于精细，因此对于影棚人像的后期处理，也应该做到精修。通过这个实例，我们可以看到一张基本正常的人像照片，在精修之后会有焕然一新的感觉。

准备图像

打开随书赠送学习资源中的17.jpg文件。

在影棚里，为一位老先生拍肖像，用三盏灯布光造型。得到的片子影调正常，老先生自己已经表示认可。但总感觉还有很多地方可以有精细修饰处理的空间。例如，背景过于平淡，脸部稍暗，两手太亮，一只眼睛的光线不足等，这些都需要一步一步精修处理。

分离背景与人物

想对背景做一个有变化的处理，需要将背景与人物分离。就这张片子而言，因为图像右侧衣服与背景明暗和颜色相近，所以用常规的通道法不易分离。于是考虑用颜色差异来做背景与人物的分离。

在图层面板最下面单击创建新的调整层图标，在弹出的菜单中选中“曲线”命令，建立第一个曲线调整层，专门来做分离背景与人物。

在弹出的“曲线”面板中打开通道下拉框，选中绿色通道。选中直接调整工具，按住灰色背景向下移动鼠标，看到曲线上产生相应的控制点也向下压低了曲线。在这个控制点右边一点曲线上单击鼠标，建立一个新的控制点，并将这个点向上移动到曲线框的最高点。可以看到背景的颜色变了，与人物完全区别开了。

选择“选择\色彩范围”命令，在弹出“色彩范围”对话框后，用鼠标单击变色的背景，看到对话框缩览图中背景大致变成白色了。拉动颜色容差值滑标，让缩览图中人物与背景的黑白反差尽量清晰，注意保留人物边缘的细节。满意了，就单击“确定”按钮退出。

看到蚂蚁线了。在当前调整层上单击蒙版图标，激活蒙版。工具箱中如果前景色为黑色，按Alt+Delete组合键；如果背景色为黑色，按Ctrl+Delete组合键，在选区内填充黑色。

然后来修蒙版。

按住Alt键，用鼠标单击当前调整层的蒙版图标，就可以直接显示蒙版了。看到黑白灰度的影像就是蒙版，现在要做的就是用纯黑白把人物与背景分离开，这件事还得用手工精细来做。

在工具箱中选择画笔工具，设置前景色为黑色，并在上面选项栏中设置笔刷参数，或者在图像中单击鼠标右键，在弹出的画笔面板中设置参数。设置适合自己使用的画笔直径和中等硬度的参数。

用黑画笔将人物的内部完全涂抹为黑色，注意不要碰边缘的地方，尤其不要碰人物的头发边缘。

再次在图像中单击鼠标右键，弹出画笔设置面板，将硬度参数提高到80%以上，但不能到100%。因为如果硬度太高，涂抹出来的边缘太清晰，将来人物就会像剪贴上去的。

根据自己的需要设置笔刷直径。用较硬的笔刷将人物衣服的边缘精细地涂抹到位，有时候可能还需要将图像放大来涂抹。

检查背景部分是否完全是白色，如果有不够白的地方，就用白色画笔涂抹。

人物与背景完全分离开了。按住Alt键，在图层面板上单击当前调整层的蒙版图标，退出蒙版操作状态，看到彩色图像了。

这里是用曲线调整层的通道改变背景颜色，将人物与背景分离。如果直接在通道中复制蓝色或者绿色通道，再用曲线加大反差，然后涂抹分离人物与背景，也是一样的效果，完全看操作者自己的习惯。

按住Ctrl键，在图层面板上单击当前调整层的蒙版图标，载入当前蒙版的选区，看到蚂蚁线了。

处理背景影调

在图层面板上单击当前调整层前面的眼睛图标，将曲线1调整层关闭，这个调整层的任务已经完成了。

带着蚂蚁线选区，在图层面板最下面单击创建新的调整层图标，在弹出的菜单中选择“曲线”命令，建立第二个曲线调整层，专门来做背景影调。

在弹出的“曲线”面板中选中直接调整工具，在图像中按住背景位置向下移动，看到曲线上产生了相应的控制点也向下压低曲线，背景变成黑色了。

背景不能是一片黑，要有变化。按住Ctrl键，用鼠标单击当前层的蒙版图标，再次载入当前层蒙版选区，看到蚂蚁线了。

在工具箱中选择渐变，设置前景色为黑色，并在上面选项栏中设置渐变颜色为“前景色到透明”，渐变方式为“线性”，然后从图像左下方到右上方适当位置拉出渐变线，看到图像下半部分的影调又恢复亮了。如果感觉渐变位置不满意，可以反复拉出渐变线。

感觉图像右侧人物肩膀上边的影调还是偏暗。在工具箱中选择画笔工具，设置前景色为黑色，并设置很大的笔刷直径和最低的硬度参数。

用大直径的画笔在图像右侧适当单击，看到肩膀上边的背景稍亮起来了。

从片子的整体影调看，图像右下角不需要这么清晰。

将前景色设置为白色，用大直径画笔在图像右下角涂抹，注意要一笔完成，中间不抬起鼠标。

看到图像的右下角暗下去了。

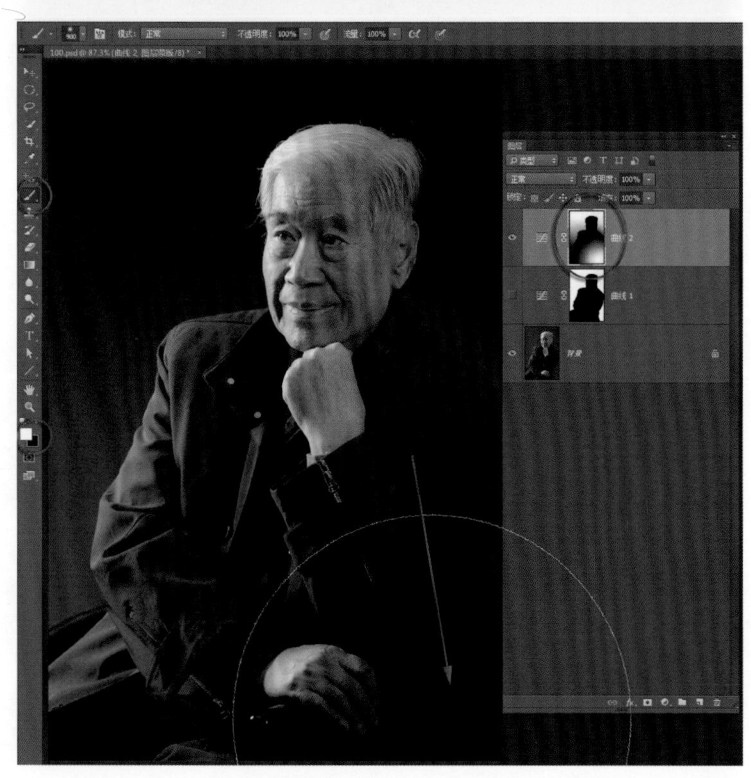

但右下角似乎又太暗了。

选择“编辑\渐隐画笔”命令，在弹出的“渐隐”对话框中，将不透明度滑标逐渐向左移动，看到图像右下角又逐渐亮起来，满意了按“确定”按钮退出。

背景处理工作全部完成，曲线1调整层甚至可以删除了。

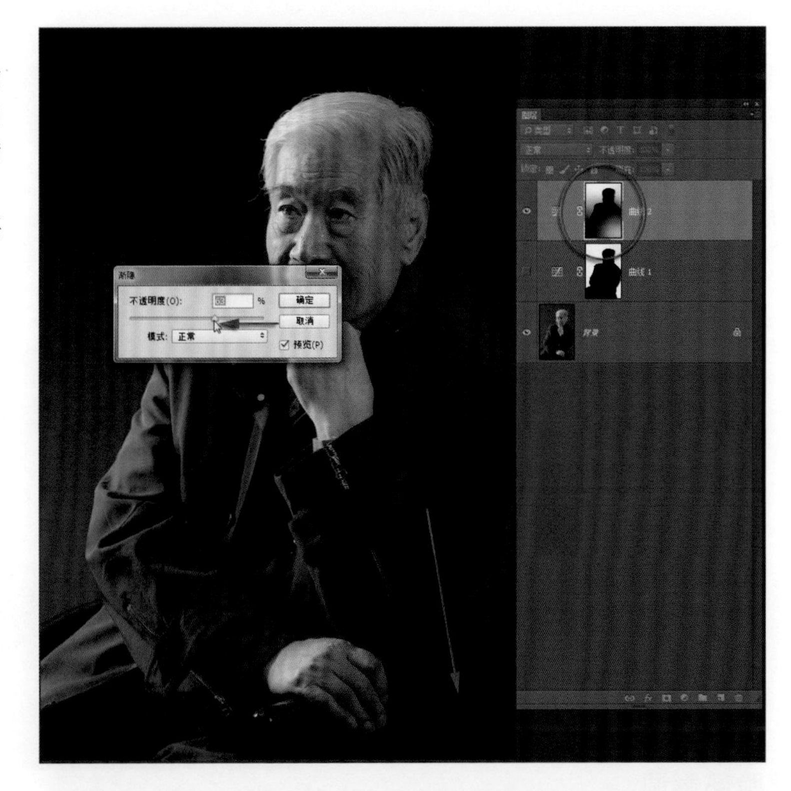

处理两只手的影调

整体观察照片，感觉人物的两只手太亮，影响人物面部。

在图层面板最下面单击创建新的调整层图标，在弹出的菜单中选择“曲线”命令，建立第三个曲线调整层，专门来做两只手的亮度调整。

在弹出的“曲线”面板中选中直接调整工具，在图像中手最亮的位置按住鼠标向下移动，看到图像都暗下来了，只要手的明暗满意了就行。

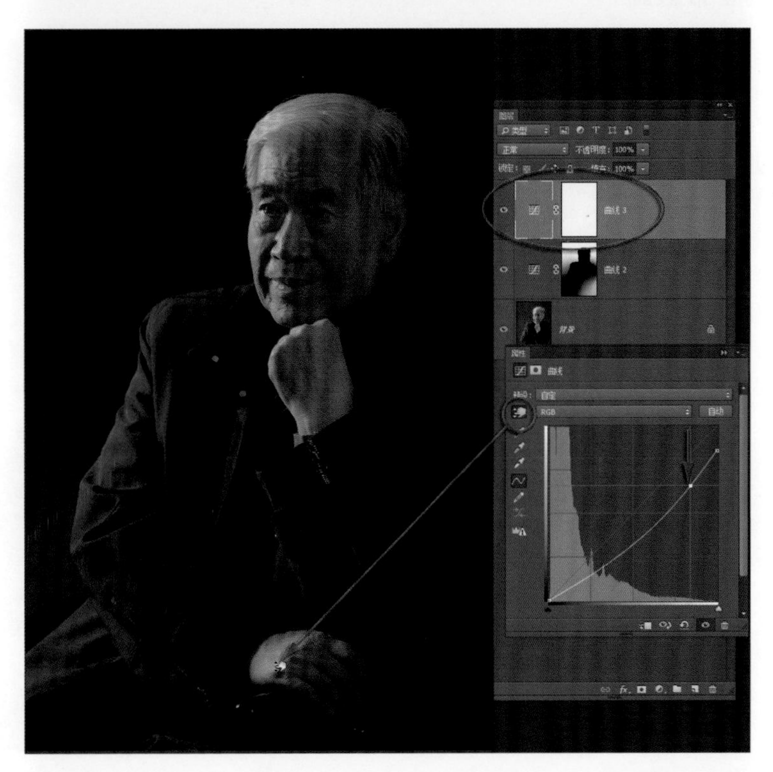

工具箱中如果背景色为黑色，按Ctrl+Delete组合键，在蒙版中填满黑色，图像又恢复原来的影调。在工具箱中选择画笔工具，设置前景色为白色，并在上面选项栏中设置合适的笔刷直径和较低的硬度参数，然后用白画笔在图像中涂抹两只手，看到手的影调满意了。

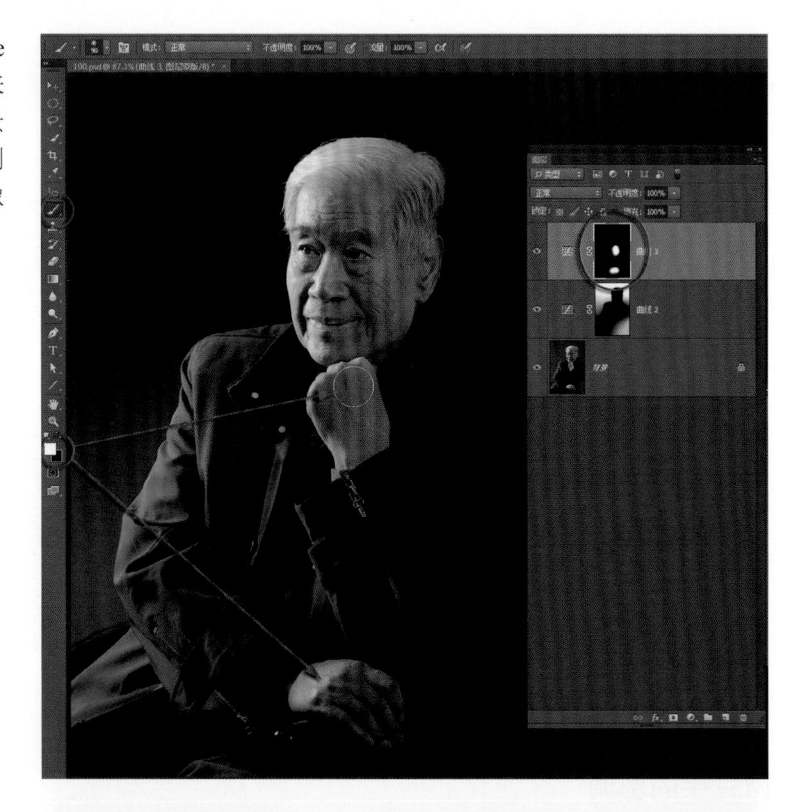

处理脸部影调

感觉人物脸部影调偏暗。

在图层面板最下面单击创建新的调整层图标，在弹出的菜单中选择“曲线”命令，建立第四个曲线调整层，专门来做脸部的亮度调整。

在弹出的“曲线”面板中选中直接调整工具，在图像中脸部的中间亮度位置按住鼠标向上移动，看到图像都亮起来了。头发的高光部分溢出了，在曲线的右上方单击鼠标加一个控制点，将这部分曲线恢复原位。感觉人物脸部的明暗满意了。

如果工具箱中背景色为黑色，按Ctrl+Delete组合键，在蒙版中填充黑色。在工具箱中选择画笔工具，设置前景色为白色，并设置合适的笔刷直径和最低的硬度参数，然后用白画笔细心涂抹人物脸部。现在看到人物脸部的亮度舒服多了。

脸与手的亮度关系在拍摄的时候就注意到了，但现场很难都照顾到，而后期处理则方便得多。

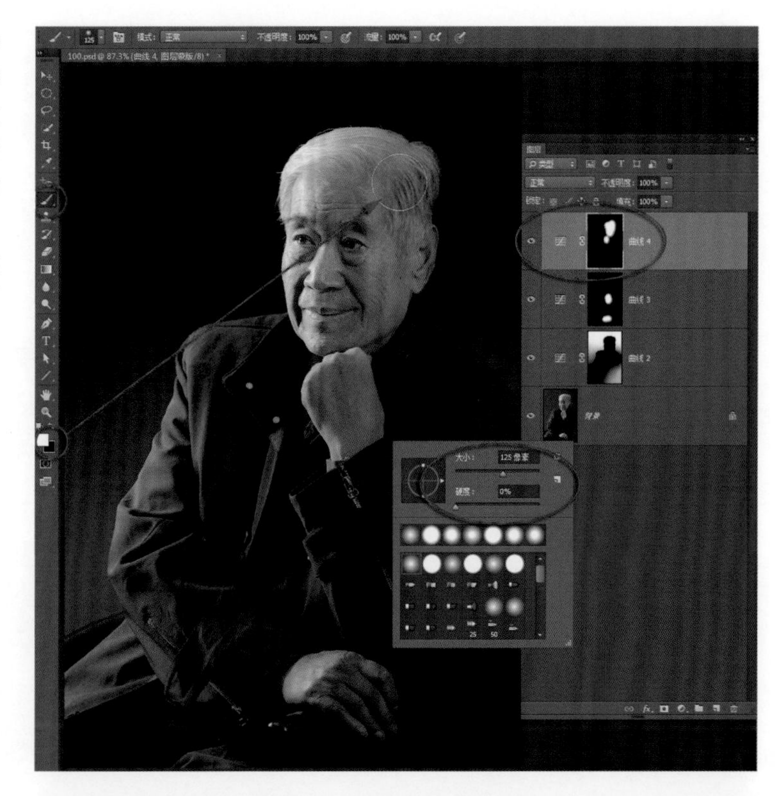

处理脸部阴影

仔细观察脸部影调，感觉远侧鼻翼沟阴影过重，再建立一个调整层来专门处理这个小局部的影调。

在图层面板最下面单击创建新的调整层图标，在弹出的菜单中选择“曲线”命令，建立第五个曲线调整层，专门来做脸部鼻翼沟阴影的调整。

在弹出的“曲线”面板中选中直接调整工具，在图像中脸部的鼻翼沟阴影的位置按住鼠标向上移动，看到图像都亮起来了。只要感觉鼻翼沟局部的明暗满意就行了。

先在蒙版中填充黑色，然后在工具箱中选择画笔工具，而且还是白画笔，但笔刷直径要设置得很小，硬度参数为最低，接着小心地在鼻翼沟阴影部分涂抹，感觉这部分影调满意了。

如果涂抹位置不好控制，还需将图像放大来做。

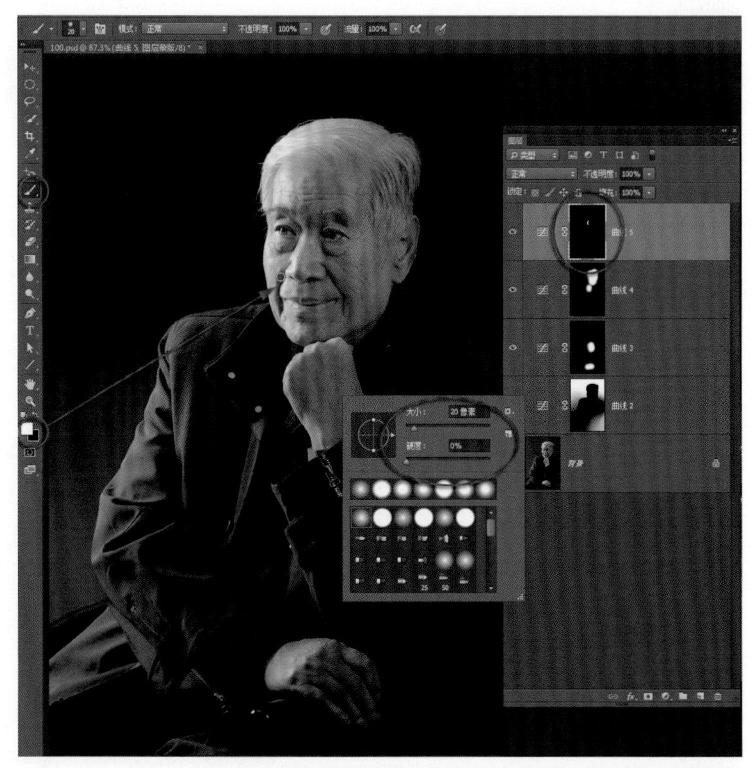

处理眼睛影调

感觉人物两只眼睛的亮度相差太大，图像右侧的眼睛黯淡了。再建立一个调整层来做。

要看清眼睛局部，还真得用放大镜将图像放大来做。

在图层面板最下面单击创建新的调整层图标，在弹出的菜单中选择“曲线”命令，建立第六个曲线调整层，专门来做眼睛影调的调整。

在弹出的“曲线”面板中选中直接调整工具，在图像中右侧眼睛中的位置按住鼠标向上移动，看到图像都亮起来了。只要感觉这个眼睛的明暗满意就行了。

先在蒙版中填充黑色，然后在工具箱中选择画笔工具，而且还是白画笔，要设置很小的笔刷直径，硬度参数为最低，接着小心地在图像右侧眼睛中涂抹，现在看两只眼睛的亮度一致了。

这个调整层对图像起作用的，其实就是一个很小的点。

处理眼神光

感觉人物两只眼睛的眼神光不一致，图像右侧眼睛的眼神光不够亮。这个用调整层做就麻烦了，不如直接复制图像左侧的眼神光。

在图层面板最下面单击创建新图层图标，在当前层的上面建立一个新的图层。

在工具箱中选择橡皮图章，设置合适的直径参数，并在上面选项栏中设置样本为“所有图层”。先按住Alt键，然后在图像左侧眼神光位置单击鼠标，完成取样。将光标放到图像右侧眼神光位置，单击鼠标。另一边的眼神光就被复制到了当前眼神光的位置。

在工具箱中双击抓手工具的图标，图像恢复完整显示。在图层面板上反复单击当前图层1前面的眼睛图标，可以看到有和没有这个眼神光的效果对比。

处理色调

片子的影调都满意了，感觉现在的色调过于写实，少一点韵味。

在图层面板最下面单击创建新的调整层图标，在弹出的菜单中选择“黑白”命令，建立一个黑白调整层。

在弹出的黑白调整面板中将红色和黄色参数适当提高，人物的皮肤显得白皙了。将蓝色和青色参数稍降低，衣服的影调显得更沉稳了。

这是一个直接黑白效果，如果满意，可以另存一个JPEG图像输出了。

在图层面板上，将当前调整层的不透明度参数适当降低。图像呈现一种淡彩色弱饱和度的效果，显得很雅气，也不失为一种艺术风格效果。

在图层面板上双击当前黑白调整层图标，重新打开黑白调整面板。在“色调”选项上点钩，为图像添加一种颜色。还可以单击色标，打开颜色拾色器，选择自己满意的颜色。

为图像添加了一种很淡的暖色调，使照片有了一种温柔的感觉，更符合被摄人物的性格特征。

要点与提示

在处理这张影棚人像的过程中，我们使用了6个曲线调整层，分别解决图像的背景分离及背景、双手、脸部、鼻翼沟、眼睛的影调，还用一个图层解决眼神光，一个黑白调整层处理色调。一步一步其实都不是预先想好的，都是在不断观察、反复尝试的过程中，一点一点解决人像的整体和局部关系，让人像的调整最终达到真正体现人物内在气质的目的。

这个实例的关键在于提供一种影棚人像处理的思路，让我们明白影棚人像也要精修。

影棚也要营造气氛 18

大多数影棚人像都是单色背景纸，缺少与人物相呼应的气氛。前期拍摄中要想用灯光完成环境气氛的营造是很麻烦的事。因此，对于单色背景的影棚人像，在后期处理中营造必要的光影气氛，应该是必不可少的手段和流程。

准备图像

打开随书赠送学习资源中的18.jpg文件。

一位朋友来到我的工作室，我让她坐在灯光下，她忽然把腿放在椅子扶手上，问我："可以这样坐吗？"我眼睛一亮，马上说："当然可以"。让她稍微调整了一下肩膀的角度，拍下了这张片子。

在影棚里拍片子，曝光不是问题，但单色背景显得木讷，与人物的情绪不搭调。

处理暗调光影环境

先来做一个暗调光影的背景环境。

在图层面板最下面单击创建新的调整层图标，在弹出的菜单中选择"曲线"命令，建立第一个曲线调整层。

在弹出的"曲线"面板中，选中直接调整工具，在图像背景的左上角按住鼠标向下移动，看到曲线上产生相应的控制点也向下压低曲线，图像的影调被压暗了。

想要一种暗蓝色的背景。在曲线面板中打开通道下拉框，选中红色通道，用鼠标按住图像左上角背景处向下移动，看到曲线上产生相应的控制点向下压低红色曲线。按照RGB色彩关系，压暗红色就是减少了红色，所以颜色开始偏青色了。

再次打开“曲线”面板上的颜色通道下拉框，选中绿色通道。仍然在图像左上角位置按住鼠标向下移动，曲线上也产生相应的控制点向下压低绿色曲线。在RGB中减少了红色和绿色，颜色当然就偏蓝色了。

这个调整层是专门做背景影调的。在工具箱中设置前景色为白色，背景色为黑色。按Ctrl+Delete组合键先在蒙版中填充黑色，刚才调整的暗蓝色效果被遮挡掉了。

在工具箱中选择渐变工具，设置前景色为白色，并在上面选项栏中设置渐变颜色为“前景色到透明”，渐变方式为“线性”。

先在图像中从左上角到图像中间拉出一个渐变，再从最下边到图像中间拉出一个渐变。在蒙版中白色渐变的作用下，这两个方向的暗蓝色影调显现出来了。

反复观察，还是觉得环境光的影调不够突出主体人物，于是决定再做第二个调整层。

在图层面板最下面单击创建新的调整层图标，在弹出的菜单中选中“曲线”命令，建立第二个曲线调整层。

在弹出的“曲线”面板中，选中直接调整工具，将光标放在图像左上角再次按住鼠标向下移动，看到曲线上产生了新的控制点也向下压低了曲线。感觉图像的亮调部分太暗了，又在亮调背景处按住鼠标向上移动，曲线上又产生新的控制点向上抬起曲线。现在看背景环境的影调效果满意了。

在工具箱中选择画笔工具，在图像中单击鼠标右键，在弹出的“画笔”面板中设置很大的笔刷直径和最低的硬度参数。

前景色设置为黑。

用黑画笔在人物部分涂抹，由于蒙版的遮挡，人物的影调恢复了原有的亮度。

感觉左上角的影调过重了。于是再次选中渐变工具，仍然设置前景色为黑色，其他设置不变，然后用渐变工具在图像左上角到中间拉出渐变线，在蒙版的遮挡下，左上角的影调又稍亮了一些。

图像中各个部分的影调关系就是这样反复对比斟酌来寻找平衡的，至于用几个调整层来做，则看操作者的操作习惯了。

添加色彩效果

再来为背景环境添加一点色彩效果。

在图层面板最下面单击创建新的调整层图标，在弹出的菜单中选择“渐变”命令，建立一个渐变色填充层。

在弹出的“渐变填充”对话框中，打开渐变颜色库，选中一个所需的颜色，如紫色到橙色的渐变颜色。

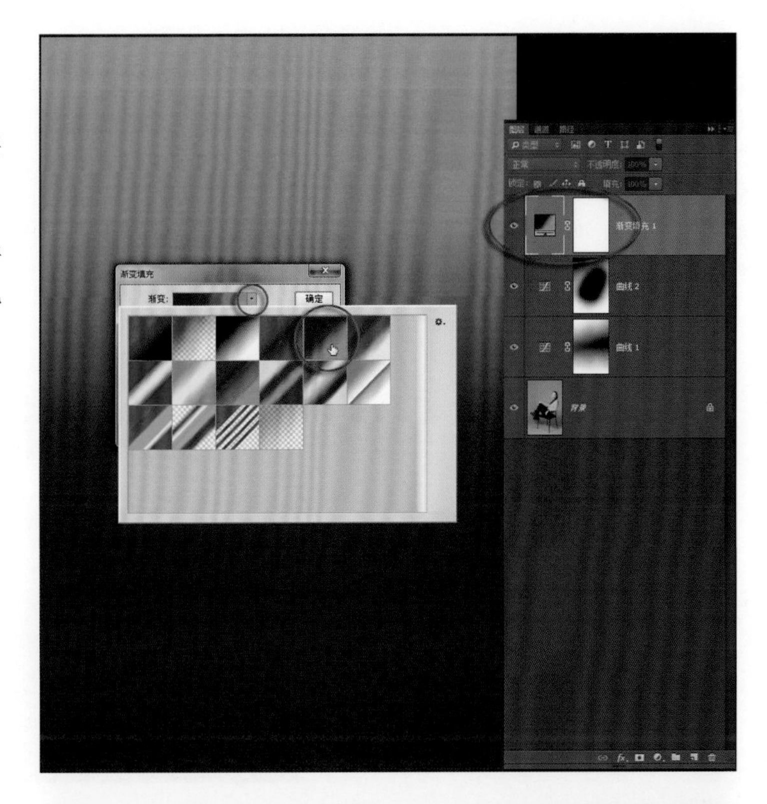

再设置渐变的角度，看到渐变颜色的方向变了。对于渐变颜色的位置，可以在渐变颜色中用鼠标直接拖曳，以设定在图像什么地方出现两个颜色的渐变。

满意了，就单击“确定”按钮退出。

在图层面板最上面打开图层混合模式下拉框，选择一个满意的图层混合模式，还需要适当降低当前图层的不透明度。这时主要看的是图像中背景环境的颜色效果，不必管主体人物。

这里我们选择了“变亮”模式，设置图层不透明度为37%左右。

在工具箱中选择画笔工具，设置前景色为黑色。在图像中单击鼠标右键，在弹出的画笔面板中设置很大的笔刷直径和最低的硬度参数。

用黑画笔涂抹人物部分，看到蒙版遮挡后，人物的影调和色调恢复到前面的状态了。

还可以尝试其他图层混合模式效果。选中某个图层混合模式后，在键盘上单击方向键连续向上或者向下，就可以方便地依次观看每一个图层混合模式的效果。

很多图层混合模式都需要相应的图层不透明度来配合才能获得相应的效果。

不同参数的组合可以形成千变万化的效果，这些效果没有最好，只有更好。

改变填充颜色

如果对现有渐变颜色不满意，渐变颜色库里也没有所需的渐变色，可以自己设置渐变颜色。

在图层面板上双击渐变填充层前面的图标，重新打开“渐变填充”对话框。用鼠标单击渐变颜色条，就打开了渐变编辑器。单击需要改变的颜色色标，再单击颜色卡，就打开了拾色器。可以随意设置自己所需的颜色。满意了，连续单击各个“确定”按钮退出。

图层混合模式还是“变亮”，但颜色变了，片子的情绪也就变了。

尝试亮调效果

再来尝试一个亮调效果。

在图层面板最下面单击创建新的调整层图标，在弹出的菜单中选择“曲线”命令，建立一个新的曲线调整层。

在弹出的“曲线”面板中选中直接调整工具，在图像中按住中间亮调位置向上大幅度移动鼠标，看到曲线上产生相应的控制点也向上抬起曲线。控制点接近曲线顶端，整个图像呈现亮调。这里只看背景环境的影调亮度，不管人物影调。

在工具箱中选择画笔工具，设置前景色为黑色，并在上面选项栏中设置合适的笔刷直径和中等较高的硬度参数，然后用黑画笔按照人物的边缘涂抹，将人物全部涂抹成为黑色。这个工作需要一定的耐心。

如果熟悉Photoshop操作，也可以采用色彩范围或者通道选区等方法获得人物的选区，然后填充黑色。

人物在蒙版的遮挡下恢复了前面调整好的影调。但是感觉人物现在的影调与背景的亮调相比又暗了。

在图层面板中用鼠标双击当前调整层的蒙版图标，打开蒙版属性面板，将浓度参数滑标向左移动，逐渐降低蒙版浓度。蒙版被减淡了，可以看到调整层对图像的影响，涂抹的人物亮起来了。

亮调的效果满意了。

尝试各种影调效果

当前层还是这个曲线调整层。打开图层面板最上面的混合模式下拉框，还可以逐一选择其他不同的图层混合模式，并适当降低当前图层的不透明度参数，可以获得各种效果。

各种不同的图层混合模式能够产生什么样的效果，往往不是我们能准确预判的，需要逐一试验，而且要配合不透明度参数进行调整设置。

我也没想到设置为“减去”模式的时候会出现这样的暗调效果，感觉也很不错的。

要点与提示

棚拍人像一般不会出现曝光不准的问题，因而对于棚拍人像的后期处理，一个是人像的细节处理，另一个就是对于单色平光的背景环境处理，要考虑到环境效果与主体人物的气氛烘托。

对于环境影调和色调的处理，如果在影棚前期拍摄时做，会非常麻烦。而在后期进行处理，不仅操作很方便，而且调整的空间非常大。尤其是后期对于环境气氛的色彩处理是长项，这是前期拍摄几乎无法一步到位的。

我拍的老汉

那天在村里一户农家拍片，一圈人“长枪短炮”对着炕头上的老汉。“大爷您点烟。”“大爷您往这边看。”“大爷您朝那边吐烟。”“大爷您……”我也跟着拍了几张，找不到感觉，独自出来在院子里转悠。

等大家都拍完了，一起拎着相机往外走。老汉大概头回这么当“明星”，很热情地送出门来。老汉也分不清这些人都谁是谁，我走在最后，老汉一把拉住我的手，不停地跟我说话。他的口音很重，我听了半天，才大致听出来，他是说着感谢的话，而且是一遍一遍地重复着说。我突然感到，这时的老汉真的很动情，他讲自己的生活，那种神情非常投入。我赶紧调整了相机的参数，然后左手和他拉着手，听他说，右手拿着相机就开始盲拍。非常感谢我的摄友回头给我拍了一张当时的照片。

回来看当时拍的照片，在屋里拍的老汉坐在炕头抽旱烟的都不行，倒是最后盲拍的这一张有感觉。从主体人物的神情、外貌、衣着，到背景环境、房舍样式、春联窗纸，都很生动地交代了人物的身份和心情，表现了拍摄的时间和地点。主要是老汉的神情一点也不做作，这样的神情是摆拍得不到的。

因为是盲拍的，所以画面构图不够充实，后期做了适当的裁剪，让人物在画面中更稳重。现场人物处于房屋的阴影中，而后面房屋直接受光比较亮，陪体环境与主题人物的影调关系不舒服了。于是在后期处理中，认真调亮了主体人物，适当压暗了背景环境，这样就大大强化了主体人物，弱化了陪体环境。经过前期拍摄和后期处理，最终得到的照片很耐看，人物形象很抓人，老汉的神情给我们很多想象的空间。

这样的片子还算不算纪实人像？我不敢随意下结论。但是我更看重的是，经过前期拍摄与后期处理，这样的人像照片更吸引人，更体现了特定环境中的特定人物。

高调人像调整思路 19

高调摄影作品是以大面积亮调占据画面，同时辅以较少的暗色做点缀。高调摄影作品以明快的调子给观赏者带来阳光、开放、兴奋的感觉。高调摄影作品在前期拍摄中就要到位，而后期处理中要注意两个方面，一是处理好画面中亮调与暗调的比例关系，包括明暗对比的程度和暗调在画面中的多少；二是处理好亮调部分的细腻层次。

准备图像

打开随书赠送学习资源中的19.jpg文件。

高调摄影照片的拍摄是很难的。既要让画面中大面积都是足够的亮调，又要小心安排画面中暗调的位置和多少比例，还要在曝光中照顾明暗两端的层次。

这张照片本想尝试高调，因此特地选择了白色背景和浅色帽子。但拍出来的影调远不够高调的要求，因此考虑通过后期来实现高调的效果。

调整背景影调

我们要一步一步调整画面各个部分的影调和色调，这些都是通过调整层来做的。

首先将背景调成白色。

在图层面板最下面单击创建新的调整层图标，在弹出的菜单中选择“曲线”命令，建立一个新的曲线调整层。

在弹出的“曲线”面板上选中直接调整工具，将光标放在图像的白色背景上，按住鼠标向上移动，看到曲线上产生相应的控制点也向上移动抬起曲线。看到这个控制点到了曲线框的最高点为止，画面中背景已经调整为白色了。

这个层是专门调整背景影调的。

在工具箱中选择画笔工具，设置前景色为黑色。在图像中单击鼠标右键，在弹出的画笔设置面板中，设置所需的画笔直径和硬度参数。

用黑画笔将人物部分涂抹出来。在蒙版的遮挡下，人物又恢复了初始状态。

调整人物影调

在图层面板最下面单击创建新的调整层图标，在弹出的菜单中选择“曲线”命令，建立一个新的曲线调整层。

在弹出的“曲线”面板中选中直接调整工具，在图像中分别按住脸部的亮调和暗调位置向上移动鼠标，看到曲线上分别产生两个控制点，向上移动抬起曲线，人物的影调也亮起来了。

由于前面涂抹蒙版在人物与背景的边缘处不是十分精准，因此这个层的调整区域要与前一个调整层相配合。

按住Ctrl键，用鼠标在图层面板上单击刚才那个调整层的蒙版图标，就载入了那个蒙版的选区，看到蚂蚁线了。

检查图层面板，确认现在是人物调整层，蒙版激活状态。如果现在工具箱的前景色为黑色，按Alt+Delete组合键，在选区内填充黑色。看到效果了，这两个调整层分别控制了背景和人物的整体影调关系。

感觉人物的头发部分，明暗反差过大，影响画面整体影调。

在图层面板最下面单击创建新的调整层图标，在弹出的菜单中选择“曲线”命令，建立一个新的曲线调整层。

在弹出的“曲线”面板中选中直接调整工具，在图像中选中头发部分，按住鼠标向上移动，看到曲线上产生相应的控制点也向上抬起曲线。在曲线的右上方单击鼠标，建立一个新的控制点并向下压，让高光部分复原，头发的反差降低了。

这个调整层只管头发，顺带也调整了帽子和人物面部的影调。所以，接下来除了需要恢复帽子的影调，还需要恢复人物面部的影调。在工具箱中选择画笔工具，设置合适的笔刷直径和硬度参数，用黑色将帽子和人物脸部遮挡回来。

我为了方便涂抹操作，先在蒙版中完全填充黑色，然后用白色画笔将帽子、头发涂抹回来。

是在白色蒙版中涂抹黑色，还是在黑色蒙版中涂抹白色，道理是一样的，主要看如何涂抹方便。

转换淡彩色调

现在片子已经呈现出高调效果，如果对这个效果满意，调整可以完成了。

也可以继续尝试更有艺术味儿的高调效果。

在图层面板最下面单击创建新的调整层图标，在弹出的菜单中选择“黑白”命令，建立一个新的黑白调整层。图像已经变为黑白效果了。

在弹出的黑白调整面板中，将红色参数滑标向右移动，图像中红色都被提亮了，尤其是人物的皮肤明显亮起来了。

想保留人物的唇红色。

在工具箱中选择画笔工具，设置前景色为黑色。在图像中单击鼠标右键，在弹出的画笔面板中设置合适的笔刷直径和硬度参数。

用黑画笔将人物的嘴唇细致涂抹出来。在黑白照片中保留了一点点局部的唇红色，片子有一种动人的妩媚感觉。

想尝试为图像稍稍保留一点淡淡的色彩效果。在图层面板上将当前层的不透明度或者填充参数适当降低，可以看到一点淡淡的色彩，真的是一种风姿妩媚的舒服感觉。

在当前调整层操作中，改变图层的不透明度与填充参数，效果是一样的。这两个参数的差异在于特效设置。

再次调整头发影调

现在感觉头发影调还是过重，并且在画面中所占面积比例过大，影响高调的效果。

在图层面板最下面单击创建新的调整层图标，在弹出的菜单中选择“曲线”命令，建立一个新的曲线调整层。

在弹出的“曲线”面板中选中直接调整工具，在图像中选中头发暗调部分，按住鼠标向上移动，看到曲线上产生相应的控制点也向上抬起曲线。将曲线左下点直接向上适当移动，让头发中没有纯黑。在曲线右上方单击鼠标建立一个控制点，适当向下压，让头发的反差对比度再次降低。

这个调整层是专门用来调整头发影调的，因此还要用蒙版控制遮挡区域。

先在蒙版中填充黑色，再在工具箱中选择画笔工具，设置前景色为白色，并设置合适的笔刷直径和硬度参数，然后用白色画笔把人物的头发部分涂抹回来。

现在片子的整体影调符合高调的效果了。

调整眼睛影调

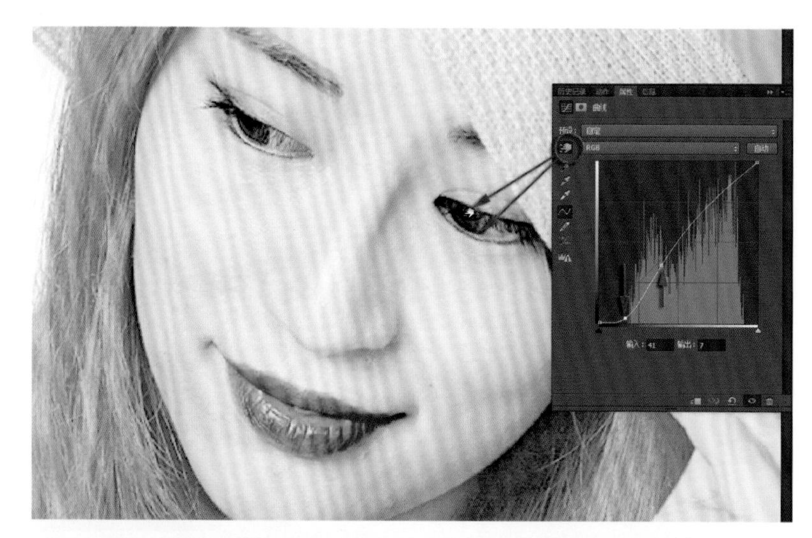

最后来处理眼睛的局部影调。

在图层面板最下面单击创建新的调整层图标，在弹出的菜单中选择“曲线”命令，建立一个新的曲线调整层。

在弹出的“曲线”面板中选中直接调整工具，并将图像放大。在眼睛的暗调部分和中间调部分分别单击鼠标，将产生的两个曲线控制点分别向下和向上移动，加大了眼睛的反差。

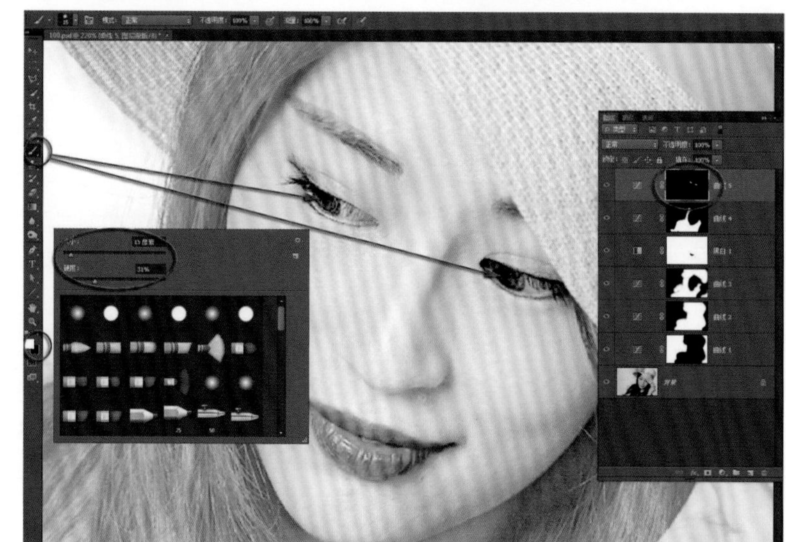

这个调整层只管眼睛。

在蒙版中填充黑色。

在工具箱中选择画笔工具，设置前景色为白色，并设置合适的笔刷直径和硬度参数，然后用白色画笔把人物的眼睛部分涂抹回来。现在眼睛反差提高了，在整个高调片子中，两个眼睛的暗调显得很突出，眼睛就很吸引人，很生动。

尝试各种影调效果

还可以尝试各种不同的影调效果。

如在图层面板上选中刚才建立的第三个调整帽子、头发和身体的调整层，打开图层混合模式下拉框，依次选择不同的图层混合模式，可以看到各种不同的影调效果。

在图层面板上，如果关闭头发调整层，让头发恢复较重的影调，是否也是一种可以欣赏的影调效果呢？

如果在图层面板上选中刚才建立的黑白调整层，然后改变其图层混合模式，说不定又可以发现某一个更符合自己爱好的影调和色调效果。

改变图层混合模式，可以轻而易举地产生各种不同的图像效果，不妨都试验一下，或许会有惊喜。

最终效果

调整为高调效果后，照片显示一种淡雅、明快的影调效果，给人以清新、轻松的感觉，更符合美女的内心和美貌，片子也更有艺术气氛。

这个实例不仅讲了高调人像照片的调整方法，更强调调整的思路，特别是高调照片中影调关系的控制和层次把握。这是高调照片的关键所在。至于说具体调整到什么样为好，这是操作者和模特之间共同商讨的问题了。

低调人像调整流程 20

低调摄影作品是以大面积暗调画面为主，用较少的亮色做点缀勾勒。低调摄影作品以黑暗的调子给观赏者带来稳重、深沉的感觉。低调摄影作品在前期拍摄中就要注意控制曝光，高光不能严重过曝，阴影不能严重欠曝。而后期处理中要注意两个方面，一是处理好画面中亮调作为造型的光线效果，二是特别注意处理好暗调部分的细腻层次。

准备图像

打开随书赠送学习资源中的20.jpg文件。

低调摄影照片的拍摄关键是准确把握精确曝光。不能让高光严重溢出，也不能让阴影部分成为死黑。

这张照片作为低调摄影，曝光大体合适，但背景中有几处穿帮，包括两处灯架、左上角的光，还有在逆光下看到的很多飞尘，这些需要修掉。然后考虑人物与背景的影调关系调整。

处理穿帮物体

先把画面中穿帮的地方修掉。

在工具箱中选择补丁工具，这是一个用来修补大面积画面的专用工具。

用补丁工具在画面左下角将穿帮的灯杆做一个大致的选区。各项参数默认。

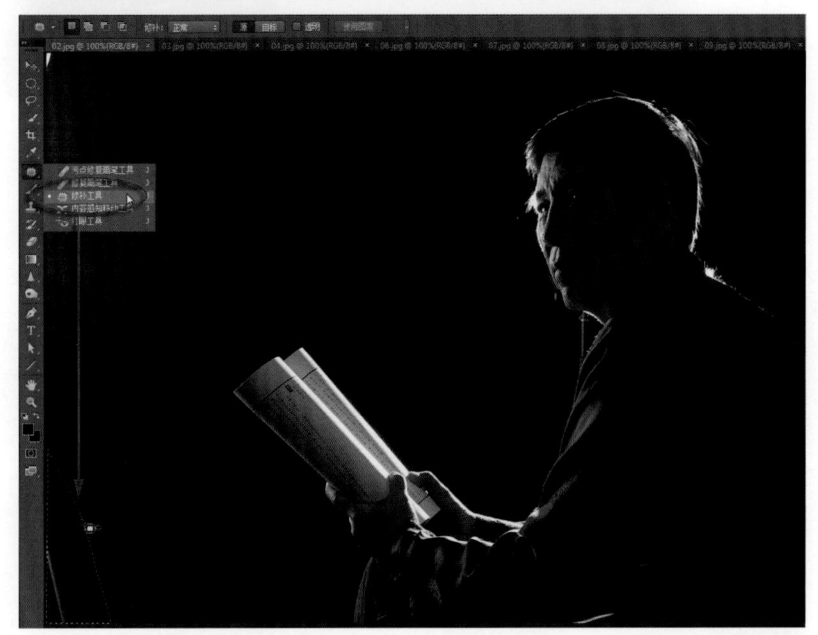

用鼠标按住选区，将其移动到干净的暗调背景中，看到原来穿帮位置的画面被干净的背景画面替换了。

如果替换得不干净，需要适当改变选区的大小，或者多次重复选用不同的替换位置。

用同样的方法将画面左侧呲光的背景也做替换修补。要将这些呲光的地方修补干净，大概一两次选区替换是不行的，要用不同大小的选区做多次修补替换。

修掉飞尘

逆光下的飞尘非常明显。

在工具箱中选择修复画笔工具，即我们俗称的创可贴工具，设置合适的笔刷直径和最低的硬度参数。

在画面中选择一处背景环境干净的地方，按住Alt键，看到鼠标光标变成靶心图标，单击鼠标左键，完成取样。

在上面的选项栏中去掉“对齐”选项的钩不选。

将图像适当放大，能看清楚有很多飞尘颗粒。

用创可贴工具单击这些飞尘，就用取样点的画面将当前鼠标单击位置的画面融合掉了，飞尘不见了。

如果笔刷直径太小，需要频繁单击；如果笔刷直径太大，会影响到单击位置周边的图像。因此随时调整设置合适的笔刷直径才能满足修图的需要。

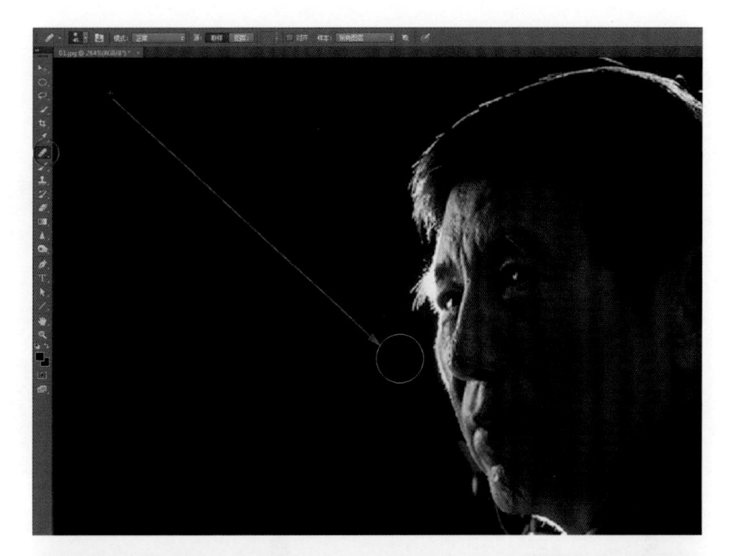

人物的脖子附近还有后面的灯杆穿帮。因为这里有清晰的人物脸部边缘，所以不能用创可贴工具来修了。

在工具箱中选择图章工具，设置合适的笔刷直径和中等的硬度参数，并将选项栏中“对齐”的对钩去掉。

先在灯杆旁边干净的地方取样。像刚才一样，先按住Alt键，用鼠标单击灯杆旁边干净的地方，然后将光标放在需要修掉的灯杆处，一下一下单击鼠标，用取样点的图像覆盖掉灯杆。

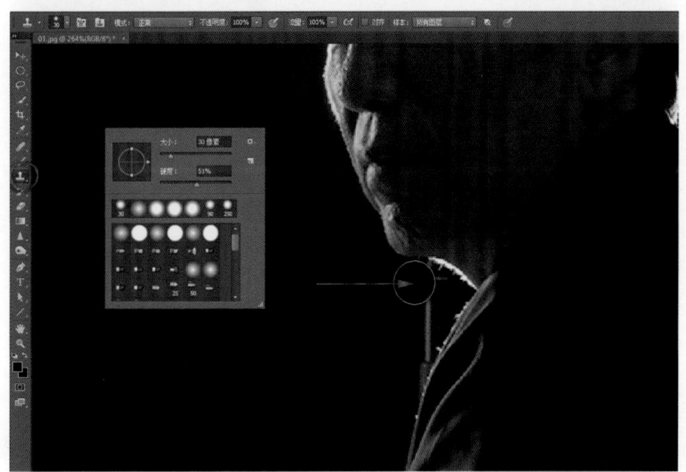

分离人物与背景

要将人物与背景分开处理，先要为人物或者背景建立选区。由于这是一张低调照片，从通道中很难分离人物与背景，于是尝试用色彩范围的方法来做。

选择“选择\色彩范围”命令，在弹出“色彩范围”对话框后，用鼠标单击画面的暗背景，看到色彩范围缩览图中出现了画面影调，调整颜色容差值滑标，让人物的边缘尽量清晰，然后单击“确定”按钮退出。

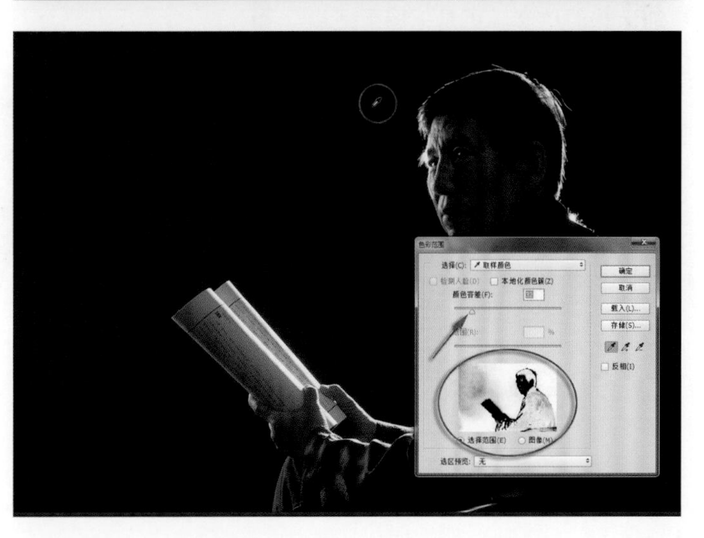

看到选区蚂蚁线了。要将这个选区存储到通道中，以备后用。

打开通道面板，在最下面单击蒙版图标，将当前选区存储为一个新的Alpha 1通道。

要将人物与背景分离开，只能手工将人物与背景分别涂抹成黑和白。

在工具箱中选择画笔工具，设置前景色为白色，并设置合适的笔刷直径和较高的硬度参数，然后用白色的画笔涂抹背景画面，远离人物的地方可以用大直径画笔涂抹；靠近人物的地方就得设置小直径画笔细心涂抹；边缘越清晰的地方，画笔的硬度参数就应该相对越高。

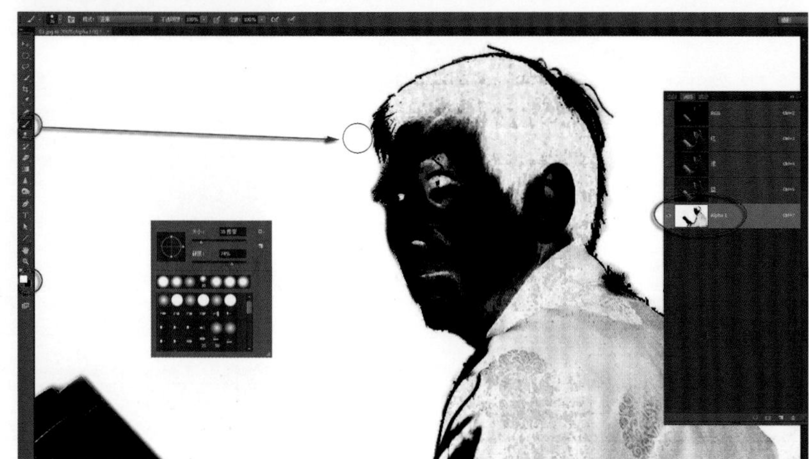

然后换成黑画笔，用同样的方法涂抹人物。需要精细涂抹的地方，还是把图像适当放大来涂抹更精准。这是个细致的事，心急不行。

放大画面后，使用画笔涂抹到画面边缘时，按住空格键，鼠标光标临时变成了抓手工具，用抓手工具按住图像移动到合适的地方，再松开空格键，光标重新恢复到当前正在使用的画笔工具。

在工具箱中双击抓手工具，图像恢复合适比例完整显示。检查人物与背景黑白分离没有问题了。

在通道面板最下面单击虚线圆圈图标，将当前通道作为选区载入，看到蚂蚁线了。

在通道面板最上面单击RGB复合通道，注意一定要点在通道名称上，而不能单击通道前面的眼睛图标。

看到RGB颜色通道都被选中，看到彩色图像了。

蚂蚁线还在。

调整背景影调

回到图层面板，建立一个曲线调整层来做背景影调。

在图层面板最下面单击创建新的调整层图标，在弹出的菜单中选中“曲线”命令，建立一个新的曲线调整层。

在弹出的“曲线”面板中选中黑色吸管，在图像的左上方背景中单击鼠标，以这一点为黑。可以看到图像整个背景都暗下来了，看到曲线上绿色和蓝色曲线被压低了，这是因为原来的背景中这两个颜色多于红色。

调整人物影调

打开图层面板，可以看到当前曲线调整层上有了相应的蒙版。

下面来做人物的影调调整。先要载入人物的选区。按住Ctrl键，用鼠标在图层面板中单击当前层的蒙版，看到蚂蚁线了，当前蒙版的选区被载入。

这个选区是图像中的背景环境，因此要选择“选择\反选”命令，将选区反过来。

在图层面板最下面单击创建新的调整层图标，在弹出的菜单中选择“曲线”命令，再建立一个新的曲线调整层。

在弹出的“曲线”面板中选中直接调整工具，在图像中人物脸部位置按住鼠标向上移动，看到图像变亮了。在高光位置按住鼠标向下移动，让高光不要溢出。在人物的衣服阴影里按住鼠标向下移动，让人物的阴影部分能保持应该有的暗调。

尝试黑白效果

再来尝试各种黑白影调效果。

在图层面板最下面单击创建新的调整层图标，在弹出的菜单中选择“黑白”命令，建立一个新的黑白调整层。

在弹出的黑白面板中选中直接调整工具，在人物脸部按住鼠标向右移动，看到人物的脸部亮了，注意要适可而止。可以手动调整红色和黄色的滑标位置，控制好人物肤色的黑白亮度。

到底是黑白效果好还是彩色效果好呢？打开图层面板最上面的图层混合模式下拉框，选中“明度”命令，当前图层以图像的明度方式与下面图层混合，感觉这个效果还不错。

也可以将图层混合模式设置为“浅色”模式，图像成为黑白效果。然后将图层不透明度参数适当降低，让图像稍稍有一点色彩效果。整个图像色彩处于弱饱和状态，呈现一种介于彩色和黑白之间的效果，而这种效果感觉很适合这种暗调冷凝的人物形象。

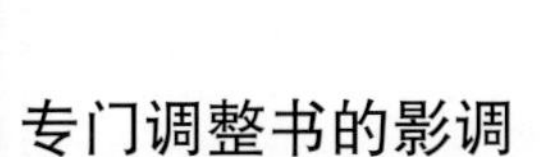

专门调整书的影调

感觉人物手里的书太亮了，干扰人物视觉效果。

在图层面板最下面单击创建新的调整层图标，在弹出的菜单中选择“曲线”命令，再建立一个新的曲线调整层。

在弹出的“曲线”面板中选中直接调整工具，按住书的中间影调位置向下移动鼠标，看到曲线上产生相应的控制点也向下压低了曲线。将曲线的右上角白点向下移动一点，再在曲线左下方建立一个控制点，将这个点稍向上移动，可以看到书的影调被压暗并降低了反差。

工具箱中如果背景色为黑色，按Ctrl+Delete组合键，在蒙版中填充黑色。

工具箱中前景色为白色，选择画笔工具，设置合适的笔刷直径和硬度参数，用白画笔将书的部分一笔涂抹出来，要一次涂抹完成，中间不要抬鼠标。然后选择“编辑\渐隐画笔”命令，在弹出的“渐隐”对话框中，将不透明度参数滑标向左移动，看到书的影调满意了，单击“确定”按钮退出。

让背景影调有变化

现在背景是一片死黑，感觉还是有点变化为好。在图层面板上单击背景调整层的蒙版图标，进入背景蒙版操作状态。

在工具箱中选择渐变工具，设置前景色为黑色，并在上面选项栏中设置渐变色为“从前景色到透明”，渐变方式为“线性渐变”。

用渐变工具在图像中的背景部分从下到上拉出渐变线，可以看到在蒙版的作用下，背景的下半部分稍稍恢复了一点亮度。如果对这个亮度不满意，可以双击当前背景调整层的图标，打开曲线面板重新调整背景的亮度影调。

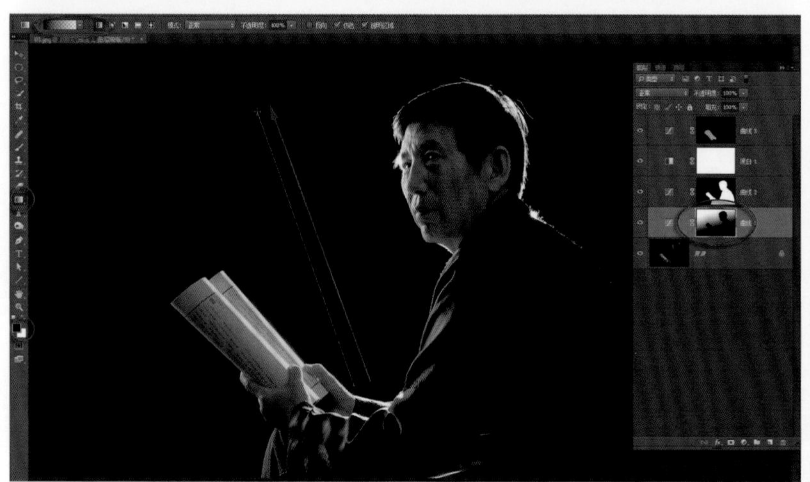

最终效果

低调照片给人一种凝重沉稳的感觉，后期处理中要特别注意大面积暗调中的细腻层次细节，注意少量的亮调的明暗关系。而难度在于低调照片的大面积暗调中也应该有层次变化，不是死黑一片，这样画面更有空间感。

拍摄低调照片似乎不难，但必须注意暗部的曝光控制，否则后期处理中会出现大量噪点。

杂谈 02

我的人像摄影种类谈

这么多年了，人像照片也拍了不少了，归纳整理一下，我拍的人像大致分为以下几种类型。

第一类是宣传需要的人像。为一些专家学者、先进人物、领导干部拍摄人像照片，这是我工作中拍摄人像照片的主要内容。这样的照片主要用于媒体宣传，出现在各种杂志、画册、展板、网页、广告、影视片中。这样的人像要求都是高大上，人物形象都是精神焕发的，影调都是中间调，光线都是标准的伦勃朗光。

第二类是沙龙人像摄影活动。或者是摄影俱乐部组织人像拍摄活动，或者是几位摄友相约拍摄人像。这样的人像摄影活动非常多，只要你想拍，几乎天天都能拍。大多是特约的美女专业模特，实拍起来很省心，也很过瘾，一招一式、一颦一笑都不用你费心。这样的拍摄活动当然都是有费用的。也有好友美女愿意做业余人像模特，朋友相约一起拍摄，也很舒心。也有一种到乡村里找当地老乡做人像拍摄的活动，一帮人长枪短炮举起来，北方的老汉点起旱烟坐炕头，南方的大哥披上蓑衣拉着牛。大爷您往这边看，大哥您向那边瞅，都是按照想象中的画面摆拍的。这样的片子真的拍了不少，最大的特点就是拍着好玩，拍完没用。

第三类是纪实人像摄影活动。包括扫街、民俗记录，这样的活动我也参加过，感觉可以记录当今社会生活，体现民生。但这样的纪实摄影大多是偷拍的，每次按快门的时候，我总是心虚心跳得厉害。随着相关法规的完善，人们对肖像权意识的敏感，这样的摄影活动经常容易引起纠纷。我在这样的活动中也遭到过拒绝，挨过骂，弄得心里很难受。如果不是特约的拍摄内容，也不是专业的摄影需要，我们普通的摄影爱好者在拍纪实人像的时候最好先征得被摄对象的同意，避免惹麻烦。

第四类是商业性人像摄影。包括广告中需要的特定人像、婚纱人像等，这类人像摄影大多有相关的模式，都与广告内容有关，画质要求很高，表演性质明显，几乎完全是摆拍。我不是这个圈里的人，这方面接触极少。观察过一些婚纱摄影场面，感觉那已经不是摄影创作，很多是固定画面、固定动作。在这种纯粹以营利为目的的摄影中，摄影师对自己拍的片子基本上没兴趣，而片子大概也只有被摄者本人才看。

第五类是熟人朋友的人像摄影。这通常是小范围的受邀专门为特定人物拍摄的，大多是属于模仿明星照类型的。因为双方比较熟悉，所以拍摄时的氛围比较轻松随意，生活照、工作照、纪念照都有，虽然也都是摆拍，但沟通得好，所以能够拍得很自然。经过摄影师的精心布置，能够为普通人拍出具有艺术味儿的人像摄影作品来，能够受到各方的普遍认可。这样的片子如果是摄影师主动提出来想拍的，成功率会更高一些。

第六类是纯艺术人像摄影。这是专门为了实现某个艺术效果，或者特定为某个特定人物量身打造的，是专注艺术创作的摄影活动。这样的拍摄活动肯定是小范围的，甚至是一对一的。拍摄前双方会有反复深入的沟通、交流、探讨，对于服装、道具、环境会有充分的准备，化妆、光线、造型会有精细的要求，一切都按预定方案实施。摄影师要的是他预想中的影调、色调、构图，以及人物的动作、神态、情绪。这样的摄影活动时间会很长，而成片会很少。

我参与的人像摄影大致就是这几种了吧！

第6章 黑白人像

黑白人像照片的魅力 21

黑白人像摄影有着其特有的魅力，细腻、干净、简约，因此很受摄影人的喜爱。而在数码时代，不必直接在相机中设置拍摄黑白照片，应该在后期将彩色效果处理为黑白效果。因为直接拍摄是由相机自动将彩色转换为黑白，而后期处理是按照片子的具体情况做更细腻的主观调整处理。

准备图像

打开随书赠送学习资源中的21.jpg文件。

在室内，利用自然光加反光板拍摄了这张人像，人物神态宁静，五官线条都很美。只是色彩对表现人物并没有增添光彩，反而使得人物有疲劳之感。因此，反复思考，感觉这张片子按照素描的效果处理为黑白照片会更好。

转换黑白效果

在图层面板上将背景层拖到下面的创建新图层图标上，复制成背景副本层。

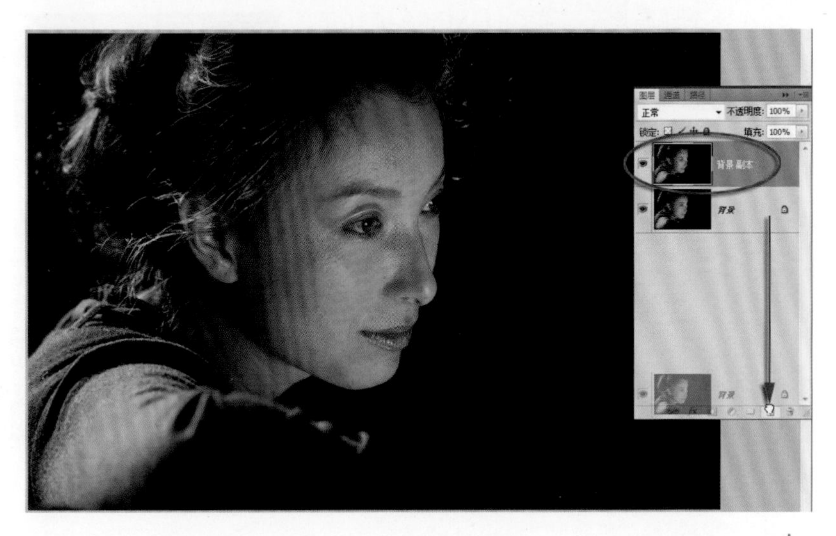

选择“图像\调整\黑白”命令，打开“黑白”对话框，将红色、黄色两个参数滑标向右移动，提高红色和黄色的值。这是处理人像照片将彩色转换成黑白时，为使人物皮肤更显白皙的重要方法。满意了，就按“确定”按钮退出。

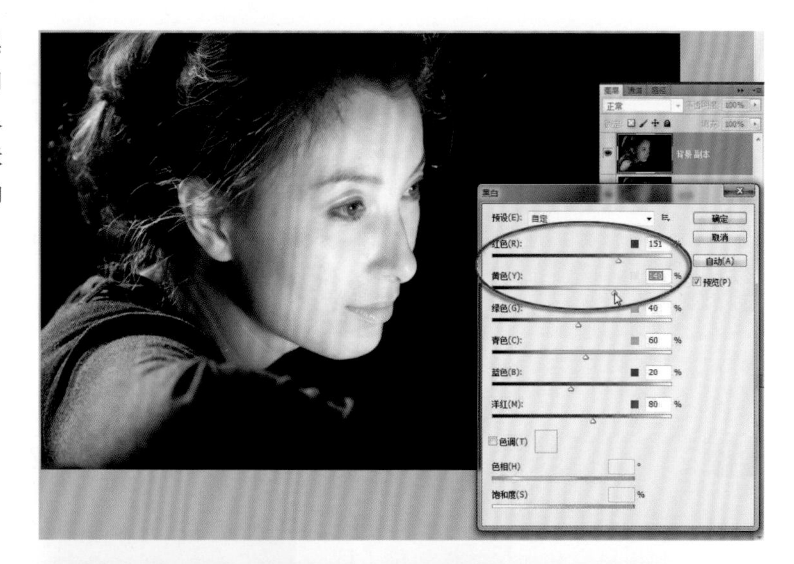

精细处理局部

单纯的彩色转换黑白只需这一步就完成了，而且这样调整参数比彩色照片直接去色效果要好。

但是仔细观察，人物肩膀上的光照亮度还有些高，五官的影调还有些淡，这些都需要继续精心处理。

在图层面板上将背景副本层拖到下面的创建新图层图标上，复制成背景副本层2。

在这个新图层上，按Ctrl+M组合键打开“曲线”对话框。

选中直接调整工具，在图像中人物肩膀上按住鼠标向下移动，看到曲线向下压，图像的影调整体压暗了。满意了，就按“确定”按钮退出。

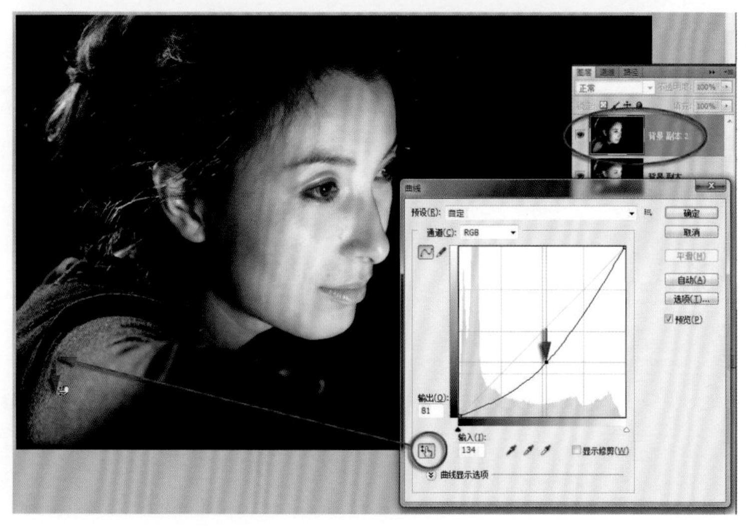

按住Alt键，在图层面板最下面单击创建图层蒙版图标，直接为当前层建立一个黑蒙版，当前层的调整效果被遮挡掉了。

在工具箱中选择画笔工具，设置前景色为白色，并在上面选项栏中设置合适的笔刷直径和最低的硬度参数值。

用白画笔在人物肩膀较亮的地方涂抹，将当前层压暗的效果涂抹出来了。

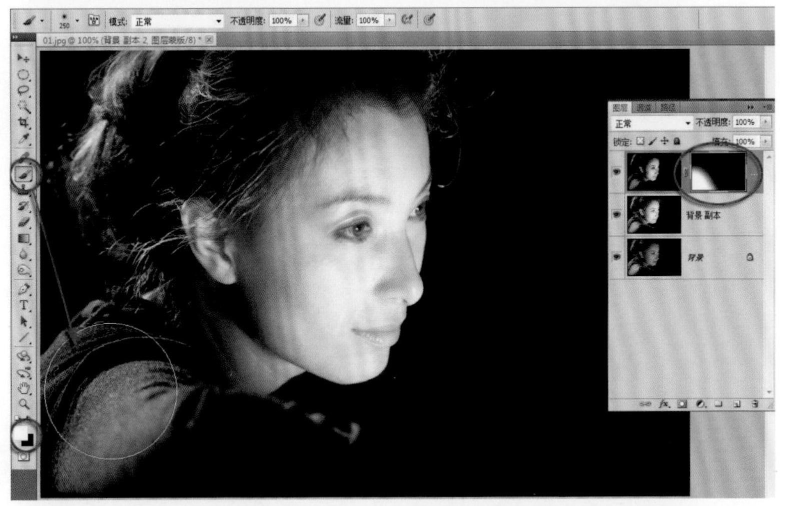

准备做眼睛，在选项栏中将笔刷直径缩小到合适的大小，其他参数不变。

用白画笔小心地涂抹眼睛，注意要一笔涂抹好。

感觉涂抹的眼睛效果又过度了。选择“编辑\渐隐画笔”命令打开“渐隐”对话框。

单击打开模式下拉框，选择“强光”模式。

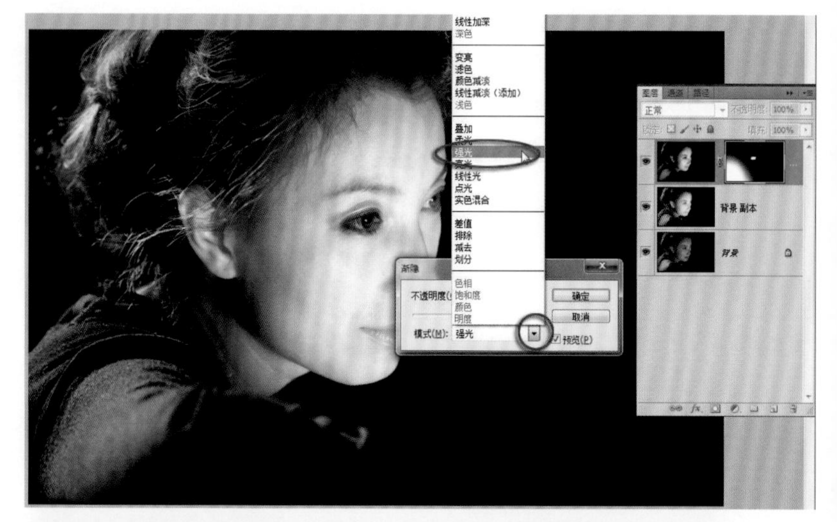

将不透明度滑标向左移动，看到眼睛的影调逐渐减淡，到70%左右满意了，单击“确定”按钮退出。

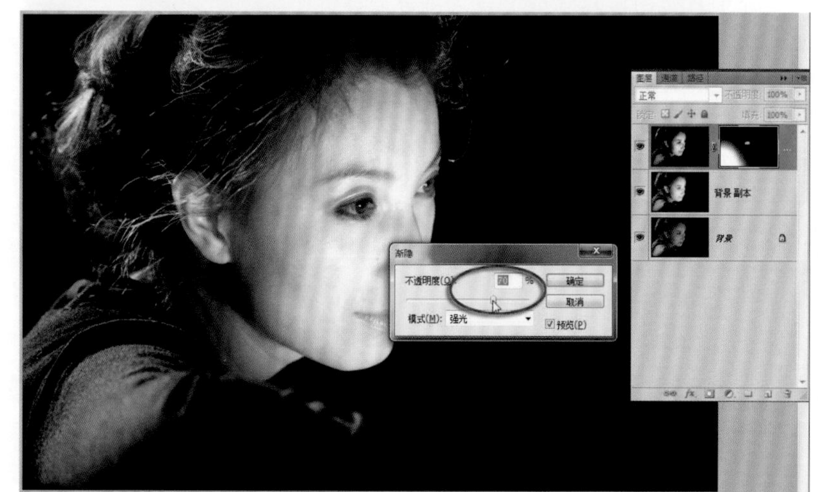

用同样的方法再来处理另一只眼睛。先用白画笔一笔涂抹好，然后按Ctrl+Shift+F组合键打开“渐隐”对话框，设置“强光”模式，降低不透明度参数值，满意了按“确定”按钮退出。

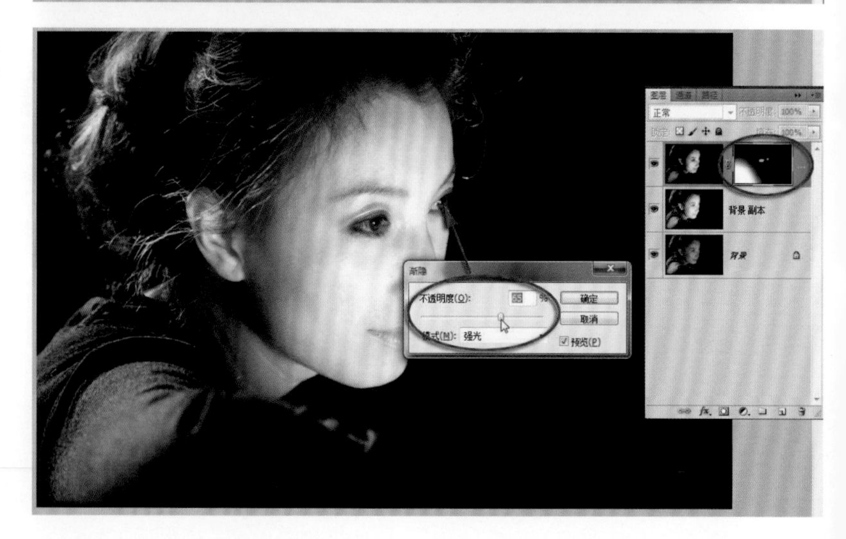

用同样的方法处理嘴和鼻子、眉毛、耳朵等五官，因为前面转换黑白时设置的参数使五官都比较亮，而五官需要稍暗一点的影调。头发上的高光也需要压暗一些。

最终效果

经过这样的处理后，这幅黑白照片如同一幅素描画。人物不仅皮肤白皙，五官线条优美，而且影调关系更显干净、整洁，突出强调了人物文静安宁的淑女气质。

这样的效果，不仅是靠在黑白命令中设置红、黄参数而获得的，更离不开蒙版的深入刻画五官，为人物提神和点睛的作用。

彩色人像转换为黑白的秘诀 22

黑白人像照片以细腻的层次和影调感动人。将彩色人像照片转换为黑白照片时，简单地非控制转换不一定能得到满意细腻的层次和影调，必须采用控制转换来主动调整人像皮肤影调、服装影调、环境影调，认真处理好诸多元素的素描关系。尤其是人物皮肤的质感和影调，离不开黑白转换中红、黄颜色参数值的精细设置。

准备图像

打开随书赠送学习资源中的22.jpg文件。

这是一幅在摄影棚内拍摄的人像，人物形象不错，但是布光有误，正面光太弱，衣服的颜色与背景颜色过于冲突。于是考虑尝试将色彩转换为黑白。

调整原照影调

首先感觉原片欠曝，人物面部影调偏暗。

在图层面板最下面单击创建新的调整层图标，在弹出的菜单中选中“曲线”命令，建立一个新的曲线调整层。

在弹出的“曲线”面板中选中直接调整工具，在图像中用鼠标按住脸部向上移动，看到曲线上产生相应的控制点也向上移动，曲线抬起，脸部亮了。

感觉照片的暗部层次少。用鼠标在曲线的根底位置再建立一个控制点，稍稍向上移动一点点，这样可以增加一点暗部层次。

转换黑白效果

然后来做转换黑白效果。

在图层面板最下面单击创建新的调整层图标，在弹出的菜单中选择“黑白”命令，建立一个新的黑白调整层。

在弹出的黑白调整面板中，首先将红色和黄色的滑标都向右移动，看到人像的肤色亮起来了。提高红、黄两色，是彩色转换为黑白时使人物皮肤白皙的关键。

适当压暗衣服的影调，与暗调的头发相呼应，有助于突出人物的脸庞。

提高蓝色的参数值，即在青绿色的衣服里增加蓝色，这样就压暗了衣服的影调。稍稍调整绿色和青色的参数值，以使衣服的层次尽可能丰富。

压暗背景影调

为了更突出人物，想将背景处理成暗调。但是如果直接降低红色的参数值，又会影响人物皮肤的影调，因此需要将背景颜色挑选出来。

在图层面板上单击当前黑白调整层前面的眼睛图标，将当前层关闭，看到彩色图像了。

选择“选择\色彩范围”命令，在弹出“色彩范围”对话框后，在图像的红色背景上单击鼠标，然后拉动颜色容差滑标，让缩览图中的图像黑白分明。白色部分是被选中的，黑色部分是不选中的部分。现在可以看到图层的蒙版上已经有了相应的蒙版填充。

单击“确定”按钮退出“色彩范围”对话框。

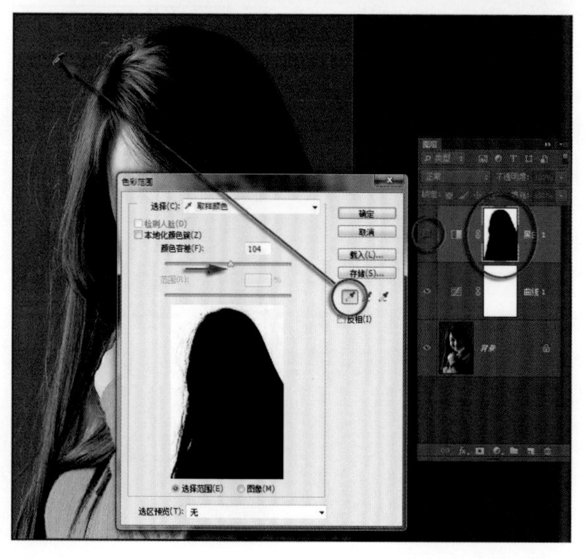

在图层面板上单击当前层前面的眼睛图标，重新打开当前黑白调整层。按Ctrl+I组合键将当前调整层中的蒙版做反相，可以看到当前黑白调整层只对人像起作用，背景恢复了红色。

仔细想明白这个调整层+蒙版的作用，对于理解如何分别调整转换图像中不同位置的相同颜色很重要。

再次在图层面板最下面单击创建新的调整层图标，在弹出的菜单中再次单击黑白图标，建立第二个黑白调整层。

在弹出的黑白面板中，将红色滑标向左移动，可以看到红色背景暗下来了，近乎全黑的背景将灯光照亮的头发显现出来了。

由于有第一个黑白调整层中蒙版的遮挡，所以这个被压暗的红色没有影响到下面的层。

细致调整影调

还需要对图像中各个部分的影调做细致调整。

感觉人物头发的边缘过于强烈。在图层面板上单击人像黑白调整层的蒙版图标，进入蒙版操作状态。

在工具箱中选择画笔工具，设置前景色为黑色，并在上面的选项栏中设置合适的笔刷直径和最低的硬度参数。

在认为过亮的头发部分涂抹，注意要按住鼠标一笔涂抹完成，中间不能抬起鼠标。

涂抹一笔后，即选择“编辑\渐隐画笔”命令，打开“渐隐”对话框，将不透明度滑标向左移动，看到刚涂抹的头发明暗满意了，按“确定”按钮退出。

可能有多处过于强烈的头发边缘需要涂抹，每涂抹一次就要做一次渐隐调整不透明度。打开“渐隐”对话框的快捷键是Ctrl+Shift+F。

还需要继续调整衣服等相关部分的影调。

在图层面板上单击曲线调整层的蒙版图标，进入曲线调整层的蒙版操作状态。

继续用黑色画笔将衣服较亮的部分也小心涂抹压暗。

有的地方涂抹后，也需要做渐隐不透明度设置。

所有的调整都是按照人物的素描关系来处理的，衣服的反差不能过大，以免影响脸庞的表现。

还需要用直径很小的画笔，仔细地将脸部的眉毛、嘴唇涂抹出来，使五官更加醒目生动。

如果不能用白色画笔准确涂抹，可以先用黑色画笔涂抹，然后按X键转换成白色画笔，小心修饰回来。

尝试其他效果

尝试高调效果。

在第一个黑白调整层的调整图标上双击鼠标，重新打开黑白调整面板。

将青色滑标大幅度向右移动，看到衣服的颜色亮起来了。

按住Shift键，同时在当前调整层的蒙版上单击鼠标，可以看到蒙版上出现一个红色的“×”，当前蒙版被关闭。于是背景成为最亮的白色，片子呈现高调效果。

在图层面板上，将最上面的黑白调整层前面的眼睛图标点掉，关闭这个调整层。

当前层仍然是人像黑白调整层，在图层蒙版的最上面移动不透明度滑标，将不透明度适当降低，可以看到图像呈现淡彩色效果，看起来很温馨、淡雅。

最终效果

将原本色调并不舒服的人像照片，用两个黑白调整层转换成黑白照片，并且通过多种不同的参数组合，制作出不同的影调和色调效果。所有的操作完全可控，可以反复调整尝试各种风格的效果。

彩色人像转换为黑白的关键是提高红、黄参数让人物皮肤白皙。如果要对照片中的同类颜色做不同黑白影调转换，可以分别用多个黑白调整层加蒙版来处理。

转换黑白并非是除去颜色就完成了的，要按照素描关系，利用画笔和蒙版来细致调整各个部分的影调关系。

杂谈 03
为什么要去拍人像

人像摄影是我的短板，但多多少少也拍了这么多年了，一直在问自己一个问题：为什么要去拍人像？

我参加过很多摄影人组织的人像摄影活动，有专业模特，也有村里的普通乡亲；有上百人的蜂拥而上，也有三五个人的私拍；有颜值高、身材好的，也有土得掉渣的原生态。我问过很多参加人像摄影活动的朋友："您拍了这些美女照片干什么用？"绝大多数人都是呵呵一笑，说："没什么用，就是玩呗！"也有的朋友说："没拍过，来练练手。"

我在想，除了商业人像和纪实人像摄影之外，绝大多数业余人像摄影都没有明确的用途，这些美女照片比风光照片展示的机会、传播的范围、得到的认可都要小得多。那我们为什么还要执着地去拍人像呢？

思来想去，我觉得我们大多数业余摄影爱好者拍人像的目的大致应该有三条。

第一是美。人要拍得好看，这是绝大多数人像摄影的要求。好看不是人长得漂亮，老人也有沧桑的美，凝眉也有忧伤的美。我们说的美，里面包括了构图、用光、色彩、造型等多种要素，还包括了摆拍想法、抓拍技巧、沟通方式和调度能力。用人像来讲构图、景别、用光是最容易理解的，因为这些在人像拍摄中都是随时可调的。如蓝色背景搭配黄色衣服、红色饰物，这红、黄、蓝在画面中的比例、位置要非常精细地安排。如不同光线布置对于人物形成的点、线、面造型关系，随着人物形态的变化和画面取舍不同，而产生点、线、面构成关系的改变。这些都是人像摄影中极具魔力的元素，这是风光摄影无法瞬间改变的。当我们把这些技术的东西上升为理念，并把这些理念运用于其他摄影题材中，会提高我们的摄影水平，提升我们的审美能力。

第二是情。人像要拍得有味道，这也是人像片子吸引观众眼球的重要因素。要把被摄者的心理感情拍出来，喜怒哀乐都是情，不能总是面无表情，呆若木鸡。眼睛是心灵的窗户，要特别注重眼神的表达。五官的细节也是神情、心态极重要的表现方式，通过视角的选择、画面的取舍、光线的运用，可以强调人物的心理。另外，脸部之外元素的运用也是表达人物情感的重要元素，如人像大师卡什就特别注重人像摄影中人物的手的运用，不仅注意手的影调，而且特别注意手的动作与人物形象的关系。要想把人物的内心情感拍出来，摄影师与模特之间的沟通是必须的，好的人像作品是摄影师与模特相互理解之后共同创作出来的。双方不说一句话，那样拍的只是人物的形，不可能有神，更不可能有情。

第三是事。人像片子能拍出讲故事的画面来，这样的人像作品就有了更广阔的表现空间和更深入的内涵。纪实人像肯定是有故事的，关键是能不能把拍摄这个特定人物的原因充分表现出来。而环境人像和影棚人像，是不是也能通过综合手段的运用，让被摄的模特人物表现出故事内涵来。包括被摄人物的表情神态、动作造型、服装道具，也包括摄影师高超的光线造型、视角选择、画面元素调度运用。画面越有故事，照片就越有看头。

我自己觉得，这三条是人像摄影中每个摄影师都要认真思考的问题。明明白白地去拍人像，才能提高我们的摄影技术水平，提升我们的摄影审美能力。这三条也是一个递进关系，一条比一条要求高，一条比一条进一步。如果一张片子把这三条都做到了，那它肯定是一张人像摄影的佳作。

用ACR转换黑白效果 23

随着RAW格式的普及，Photoshop的新版本中将ACR作为滤镜放在滤镜菜单下，这就为熟悉ACR操作的朋友们提供了一条新的通路。在这个实例中，用ACR将彩色照片处理为黑白图片，不仅操作方法更简便，而且层次更细腻。

准备图像

打开随书赠送学习资源中的23.jpg文件。

这张棚内人像说不上精彩，脸部光线不够精致，衣服与背景想要暗调，但效果并不满意。拍摄的时候就想做后期的黑白影调，因此只要求了皮肤的暖色与衣服和背景的冷调对比。

用常规的方法转换黑白效果，需要建立一个黑白调整层，调整肤色为亮调，其他为暗调，再用一个曲线调整层来控制影调细节。

在这个实例中，我们换一种方法，用ACR滤镜来做转换黑白效果，不仅多一条路，而且还会发现这种做法更适合熟悉ACR操作的摄影人。

转换智能对象

选择“滤镜\转换为智能滤镜”命令，将当前图像层转换为智能对象。在弹出的转换智能滤镜对话框中提示，将当前层转换为智能滤镜是为了以后能在ACR中反复编辑图像。单击“确定”按钮退出，在图层面板的当前图层缩览图中可以看到右下角出现了智能对象图标，而对智能对象的处理是非破坏性的。

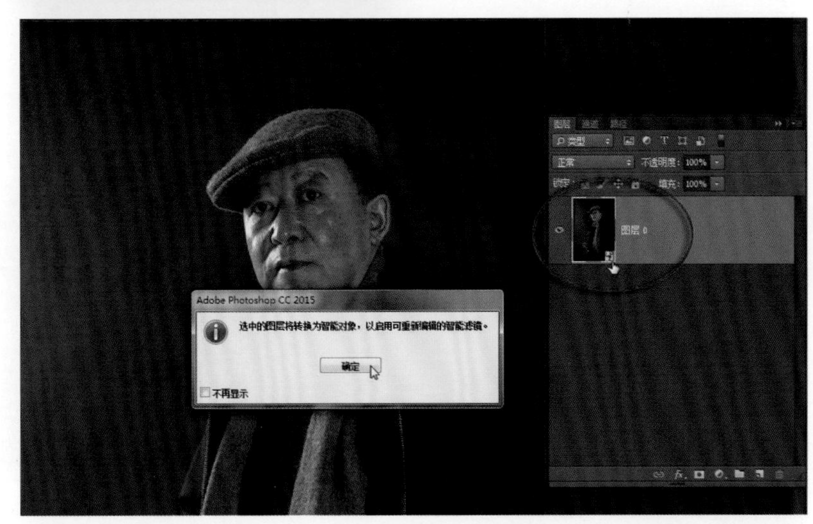

进入ACR编辑状态

由于RAW格式照片的普及，更多的朋友已经掌握了操作更方便的ACR软件。在新的Photoshop版本中，ACR已经被放在滤镜菜单下作为Photoshop的一组滤镜来使用。

选择“滤镜\Camera Raw滤镜”命令，进入ACR编辑状态。

对于熟悉RAW格式照片处理的朋友来说，ACR的操作界面是很熟悉的。

首先在操作卡中选中HSL面板，进入色彩调整状态。选中“转换为灰度”选项，图像被转换为黑白影调效果。

在最上面选中目标调整工具。

用鼠标在图像中按住脸部皮肤向上移动，可以看到红色和橙色参数滑标向右移动，肤色影调变亮。

用鼠标在图像中按住背景向下移动，看到蓝色、青色等相关颜色滑标向左移动，这些颜色的影调变暗。

还可以稍向右移动紫色和品色的滑标，可以看到肤色中又有部分变亮。

精细调整黑白影调

在选项卡中选中基本调整操作卡。按照黑白低调照片的影调适当降低高光和白色参数，尤其注意暗调部分的层次，设置调整好曝光、阴影、黑色等相关参数。

我个人的习惯，就是用ACR调整人像照片时，适当降低清晰度参数，这样会使人像显得柔润，特别是皮肤显得柔细。

如果还想对片子的影调做更细致的调整，可以在上面的工具栏中选中目标调整工具，将鼠标放在图像中需要调整影调的地方，按住鼠标上下移动，这时调整的实际是曲线，即便不打开曲线面板也没关系。

用鼠标按住人物的皮肤向上移动，图像中亮调部分加亮了。按住背景部分也稍向上移动鼠标，与背景相同的部分亮了。按住衣服中的暗调部分稍向下移动，图像中阴影压暗了。现在看起来，图像中黑白灰的影调关系更加清楚明确了。

在对话框右下角单击“确定”按钮退出ACR。

跨平台反复调整

退出ACR就返回了Photoshop。这时在图层面板上可以看到当前层的下面出现了一个新的层，这就是智能滤镜层。

智能滤镜的最大好处，一是可以在蒙版中涂抹黑色，让滤镜只对图像的某个局部起作用；二是可以随时回到ACR对图像做反复调整。

用鼠标在智能滤镜层中双击“Camera Raw滤镜”名称字符，返回ACR。

可以对当前图像的影调继续做反复精细的调整，如降低曝光参数，提高对比度、阴影和黑色参数，为的是让黑白照片的暗部层次更显细腻。

尝试单色调效果

黑白照片常常可以做成一种单色调效果。

在上面的选项卡中选中分离色调卡。

分别将高光和阴影的饱和度参数适当提高，并且将两个色相参数设置为所需的颜色。如果都设置为橙色，则照片色调呈现一种怀旧的情调。

对高光和阴影中饱和度的设置高低，会直接影响到照片的层次质量。

如降低阴影的饱和度参数值，则人物暗部层次中色彩减弱，而片子更显稳重。当然这些参数的设置并没有一个固定值，可以根据每一张片子的具体情况以及操作者的个人喜好和感觉来设置。

甚至可以尝试为片子的高光和阴影分别设置不同的色调。

将阴影的饱和度大幅度提高，再将色相设置为青蓝色。

然后将平衡参数滑标大幅度向右移动，注意观察图像中冷暖色彩的变化。看到亮调部分是暖色，而暗调部分则是冷色。

这种效果处于彩色与黑白单色之间，很有一种特殊的味道。而且对片子的明暗分别设置冷暖色，这在ACR中要比在Photoshop中方便很多。

在对话框右下角单击“确定”按钮退出ACR。

设置滤镜混合模式

回到Photoshop后，还可以做更多的滤镜设置调整。

在图层面板当前层的Camera Raw滤镜名称的右边，双击滤镜参数调整图标，打开滤镜“混合选项”对话窗，可以像设置图层混合模式一样，打开模式下拉框，选择某个所需的滤镜混合模式。还可以设置所需的不透明度参数，得到特殊的滤镜混合效果。

单击“取消”按钮退出滤镜混合选项框。

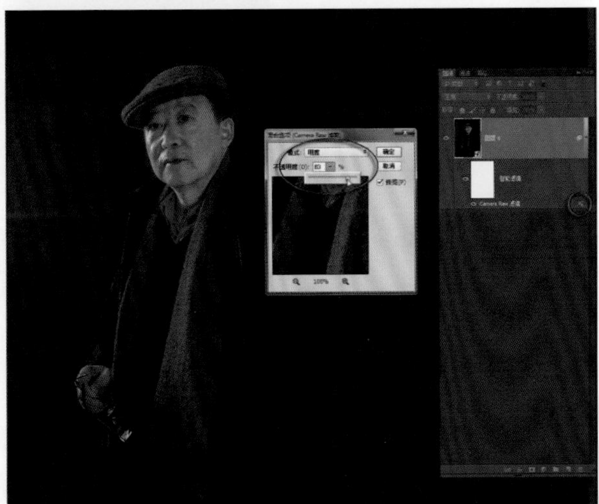

多图层混合效果

再尝试多图层混合效果。

在图层面板当前图层0上单击鼠标右键，在弹出的菜单中选择“通过拷贝新建智能对象”命令，可以看到图层面板中复制了一个图层0智能对象层，并且也带有下面的Camera Raw滤镜层。

在上面这个图层0拷贝的Camera Raw滤镜名称上双击鼠标，重新进入ACR调整状态。

在选项卡中重新进入分离色调面板。在操作窗口右下角单击最右边的切换当前操作面板图标，将当前操作面板的所有参数复位，看到图像恢复了纯黑白效果。

在最右下角单击“确定”按钮，退出ACR操作状态。

又回到了Photoshop中。

目前的两个图层中，上面的是纯黑白效果，下面的是特殊单色调效果。

当前层是上面的纯黑白层。打开图层面板最上面的图层混合模式下拉框，选择一个合适的图层混合模式，可以看到上下两个图层混合又产生了一种特殊的效果。

还可以尝试降低当前层的不透明度参数。某个图层混合模式配合相应的不透明度，获得了新的单色调效果。

图层混合模式有20多个，使用哪个合适，一要看图像的具体情况，二要看操作者的喜好，并没有一个固定的设置。

要点与提示

转换黑白效果是人像照片处理中常见的，而转换的思路和方法是多种多样的。我们在这个实例中强调的是思路和方法，至于具体效果，则是因人而异设置具体参数了。

这个实例中使用了智能滤镜跳转到ACR来做转换黑白，一是对于熟悉RAW处理的朋友更方便；二是智能滤镜能够反复调整操作，无后顾之忧；三是ACR中转换黑白是8种颜色控制，比Photoshop的6种颜色控制更细腻；四是单色调的转换调整变数更大，效果更神奇。

如果不转换智能滤镜，直接使用Camera Raw滤镜调整操作，也可以进入ACR调整操作，但只能是一次性的，不能反复进入ACR操作。因此使用智能滤镜就是对图像的非破坏性调整。

使用智能滤镜后，仍然可以存储为PSD格式文件，仍然可以另外导出为普通的JPEG文件。

转换黑白保留局部彩色效果 24

将彩色照片转换为黑白照片，而在整体黑白影调中，又保留局部的彩色。通常是将需要突出的主体处理成彩色，将周围的陪体处理为黑白。这样做可以使照片主次分明，更有利于突出表现主体。对于环境比较繁杂，主体难以突出的照片，采用这样的处理方法能取得很好的效果。

准备图像

打开随书赠送学习资源中的24.jpg文件。

冬日，几位老乡在村头晒太阳，我也跟他们一起聊天。在大家都完全放松的情况下，我拍了这张片子。人物的情绪气氛挺好，但是环境的色彩单一，而且与人物肤色相同，温顺的小狗也埋没在同一色调中了。怎么看片子都感觉缺点火候，应该做一些必要的后期处理。

考虑将环境陪体转换为黑白，以突出彩色的主体。

转换黑白

在图层面板最下面单击创建新的调整层图标，在弹出的菜单中选择“黑白”命令，建立一个黑白调整层。

可以看到图层面板上出现了一个新的黑白调整层，图像已经被转换为黑白调子了。

但是对于这个片子，纯黑白效果也不行。

保留局部彩色

在工具箱中选择画笔工具，设置前景色为黑色，并设置合适的笔刷直径和硬度参数，然后用黑画笔涂抹人物的脸部，在蒙版的遮挡下，可以看到人物皮肤又恢复了原有的颜色。

要处理得精细，还是要用放大镜工具把图像放大，然后设置合适的笔刷直径，而硬度参数太低或者太高都不行，大约在60为宜。

用画笔涂抹的时候，经常需要移动被放大了的画面，这时如果选用抓手工具，移动了画面再换回画笔，就会很麻烦。不管这时正在使用什么工具，想临时移动画面，只需按住空格键，光标临时变成抓手工具，在图像中按住鼠标拖动就可以移动画面。松开空格键，自动回到当前正在使用的工具。

把图像中所有人物的皮肤都涂抹出来。还可以涂抹少量其他部分，起到画龙点睛、活跃画面的作用。

用鼠标在工具箱中双击抓手工具，图像以最佳比例完整显示在桌面上。如果还有需要涂抹的地方，可以再次将图像放大，继续做涂抹。如果有涂抹错了的地方，可以用白色画笔再涂抹回来。

调整环境影调

感觉环境过于抢眼，需要适当调整环境的影调。需要调整的就是除了刚才涂抹保留了彩色的部分，首先要载入选区。

按住Ctrl键，用鼠标单击当前调整层的蒙版图标，载入当前蒙版选区，看到蚂蚁线了。

在图层面板最下面单击创建新的调整层图标，在弹出的菜单中选择“曲线”命令，建立一个曲线调整层。

现在要调整的是环境陪体的影调。根据适当降低环境陪体的亮度和反差的原则，合理调整各项颜色参数，让环境相对反差较弱，明度稍暗。

在“曲线”面板上选中直接调整工具，在图像中按住墙的亮点向下移动，将曲线的右上角起点也向下压，看到图像暗下来了。在衣服上选取控制点适当向上调整，不要让片子的暗调暗得失去层次。

尝试不同影调

还可以继续尝试各种不同的影调效果。

在图层面板上双击黑白调整层的图标，重新打开黑白调整层。向左大幅度移动红色滑标，降低红色的亮度，可以看到图像中带有红色的部分都变暗了，而人物的服装中没有红色，因此衣服影调不变。

将红色滑标大幅度向右移动，图像中所有含有红色的像素都被调亮了。可以看到图像中有红色的部分都亮起来了，而没有红色的服装仍然没有变动。

也可以同时移动红色和黄色的滑标，同时向左大幅度移动，降低红色和黄色的亮度。这样就使画面中的环境都大幅度暗下来了，从而使得人物更突出，似乎也是一种很有味道的效果。

如果将红色和黄色滑标同时大幅度向右移动，红色和黄色都被提亮了。这样一来，环境又比人物的影调亮了，人物的形态与环境背景分离开来，这又是一种味道吧。

还可以在图层面板上，将当前黑白调整层的不透明度参数适当降低，让图像的黑白效果减弱，使图像环境背景有了一种弱彩色的效果。由于蒙版的控制区域没有变，因此人物被涂抹的皮肤等局部彩色的地方不会有变。

各种不同的环境影调效果都可以尝试，并没有对错之分。

最终效果

经过这样的转换调整，整个片子大调子是近乎黑白的效果，而前景的主体人物的局部是彩色效果。这样就使前景人物与环境陪体完全分离开了，主体人物显得非常鲜明突出。

整体黑白保留局部彩色，或者整体弱彩色对比局部强彩色，都是用这样的方法来强化对比效果的。

第7章 创意人像

创造一个美丽的背景 25

棚拍人像的背景通常是单色的，比较简单，如果能够替换一个符合人物形象的背景，往往可以为人物形象提升档次，活跃气氛，突出主题。棚拍的单色背景也为抠图操作替换背景提供了方便的条件，操作并不难，关键在于创意。

准备图像

打开随书赠送学习资源中的25-1.jpg和25-2.jpg两个文件。

在室内影棚用单色背景拍了一张人像，动作、姿态感觉不错，但背景没内容。于是在网上搜索找了一张玫瑰花的微距素材，想把花作为人像的背景。

先用“图像\图像大小”命令，将两张图设置为同样大小。

选中人像图，按Ctrl+A组合键全选图像，再按Ctrl+C组合键复制图像。

选中玫瑰花图，按Ctrl+V组合键将人像图粘贴进来。

制作人物选区

现在当前文件中有两个图层，下面背景层是玫瑰花，上面是人物。

先要把人物的选区做出来。按照常规做法，打开通道面板，依次查看红、绿、蓝三个通道，感觉都很难把人物与背景完全分开。看来通道的方法在这张图中不适合。

在通道面板单击最上面的RGB复合通道，重新打开三个通道，看到彩色图像了。

考虑到人像的背景是单色白，于是选择“选择\色彩范围”命令，用颜色来制作选区，这样应该更符合这张图区分人物与背景的要求。

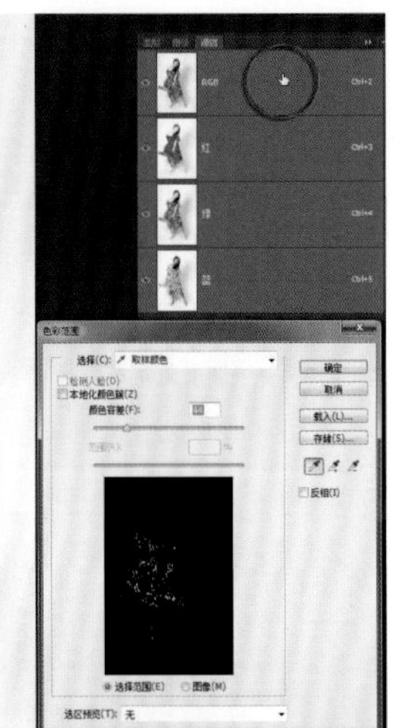

用“色彩范围”对话框中默认的选择吸管在图像中单击背景的白色，看到对话框缩览图中大面积的白色背景被选中。

注意，在缩览图中白色是被选中的部分，黑色是不被选中的部分。

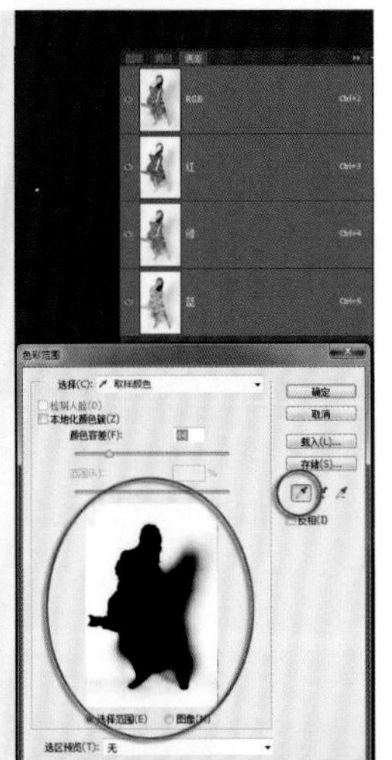

背景中有一部分人物投影不是白色，因此没有被选中。在“色彩范围”对话框中选中加号吸管，用来添加要选择的颜色。用加号吸管单击人物投影处，在缩览图中可以看到大部分的人物投影也添加进来了。

在“色彩范围”对话框中移动颜色容差值滑标，观察缩览图，让人物与背景的边缘尽量清晰。满意了，就按“确定”按钮退出。

关闭“色彩范围”命令后，回到当前图像，看到蚂蚁线了。

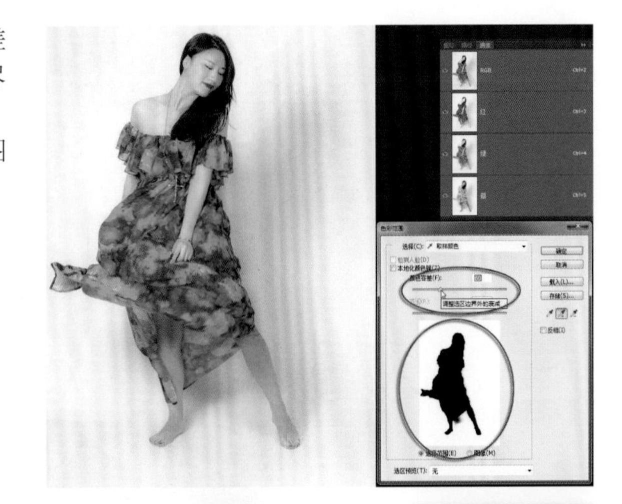

蚂蚁线还在。

打开通道面板，在通道面板最下面单击“将选区存储为通道”图标，将当前蚂蚁线选区存储为一个新的通道，可以看到在红、绿、蓝通道的下面，产生了一个新的Alpha 1通道。

按Ctrl+D组合键取消选区。

选择“图像\调整\反相”命令，将通道中黑白做反相，因为我们需要的人物选区应该为白。

反相命令的快捷键是Ctrl+I。

在工具箱中选择画笔工具，设置前景色为白色，并设置合适的笔刷直径和较高的硬度参数，然后用白画笔将人物中残留的局部黑色地方都涂抹为白。

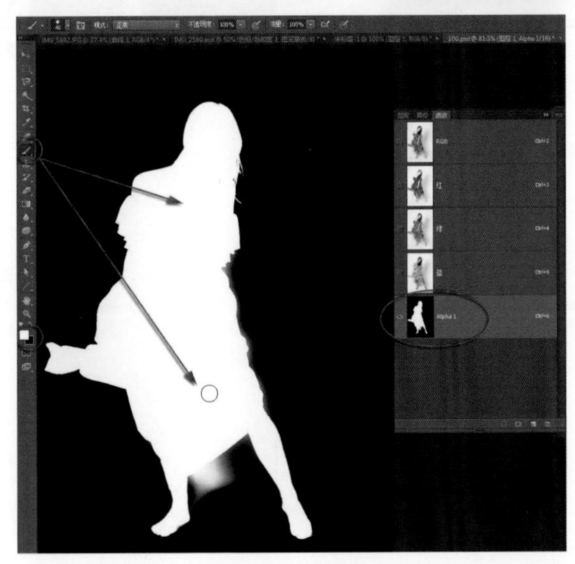

在工具箱中选择画笔工具，设置前景色为黑色，并设置合适的笔刷直径和较高的硬度参数，然后用黑画笔将人物边缘外边残留的局部白色地方都涂抹为黑。

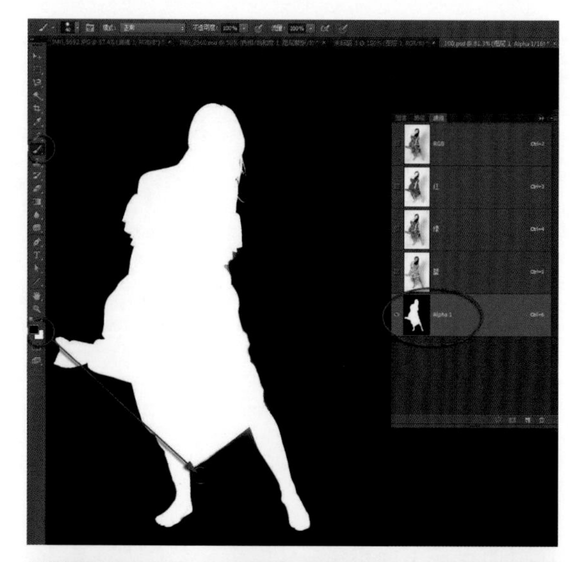

认真检查人物边缘，现在看起来人物的边缘十分精准了。

在通道面板最下面单击“将通道作为选区载入”图标，当前通道中白色的人物部分作为选区载入了，看到沿着人物边缘的蚂蚁线了。

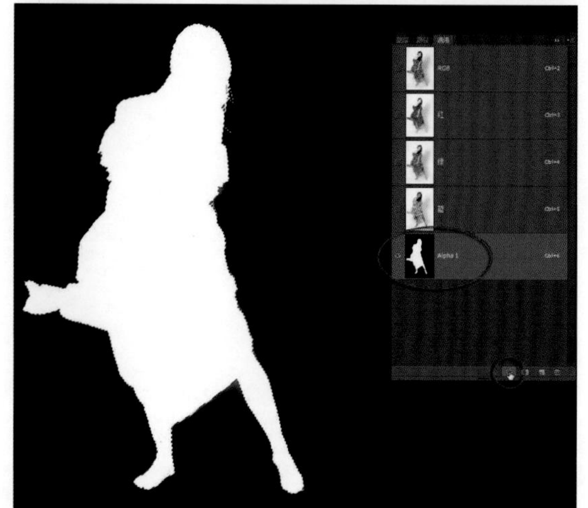

在通道面板最上面单击RGB复合通道，看到红、绿、蓝三个通道都处于选中状态，看到彩色图像了。

回到图层面板。

利用蒙版替换人物背景

在图层面板中，当前层是上面的人物层，蚂蚁线还在。在图层面板最下面单击蒙版图标，为当前人物层建立一个图层蒙版。

可以看到当前层缩览图的后面产生了一个蒙版，在蒙版的遮挡下，当前层的人物保留了，原来的白色背景被遮挡，露出了下面图层的玫瑰花图像。

仔细看人物的边缘，发现还有痕迹。

将光标放在图层面板当前层的蒙版图标上，单击鼠标右键，在弹出的菜单中选中“调整蒙版”命令。

在弹出的“调整蒙版”对话框中，将“移动边缘”滑标向左移动，缩小蒙版白色区域，看到人物边缘的亮边小了，单击“确定”按钮退出。

人物双脚直接站在微距的花朵上，感觉不太舒服，可做适当虚化处理。

在工具箱中选择画笔工具，设置前景色为黑色。在图像中单击鼠标右键，打开笔刷设置面板，设置较大的笔刷直径和最低的硬度参数，然后用黑画笔将人物的双脚部分涂抹掉，让人物有飘在花朵中的感觉。笔刷直径越大，这种效果越好。

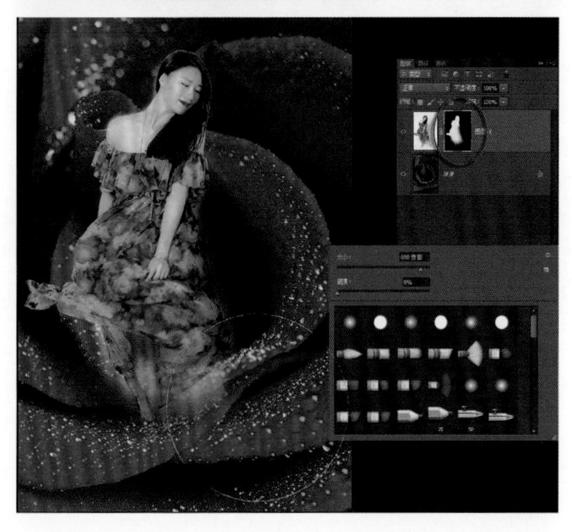

调整渲染背景色调

现在感觉人物衣服的色调与背景花朵的色调相差太大，不够和谐，所以想改变背景的色调。

在图层面板上单击花朵的背景层，指定背景层为当前层。在图层面板最下面单击创建新的调整层图标，在弹出的菜单中选中“颜色填充”命令，可以看到就在当前层的上面建立了一个新的颜色填充调整层。

在弹出的拾色器中选择一个自认为与人物衣服颜色相符的颜色，满意了单击“确定”按钮退出。

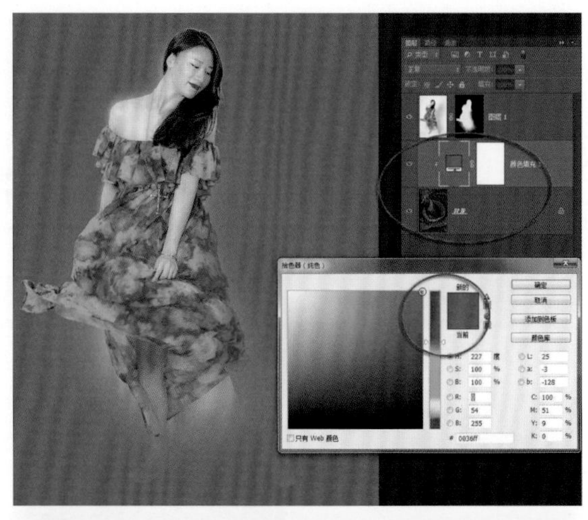

打开当前图层的图层混合模式下拉框，依次试验各种不同的混合模式，感觉“颜色”模式的效果不错。再将当前层的“不透明度”参数适当降低，直到满意。

眼看着原来的红玫瑰就变成了蓝色妖姬。

感觉蓝色妖姬的影调过于重了，不利于突出主体人物。

在图层面板上单击背景层，指定花朵背景层为当前层。在图层面板最下面单击创建新的调整层图标，在弹出的菜单中选中“色阶”命令，建立一个新的色阶调整层。

在弹出的“色阶”面板中，将输出色阶的左侧黑滑标大幅度向右移动，看到背景的影调逐渐淡下来，背景与人物色调统一，而影调区分开了。

或许您还想尝试其他的色调效果。在图层面板上双击颜色填充调整层的图标，重新打开拾色器，拉动色谱彩条的滑标，改变背景图像的色调，选择自己中意的色调效果。

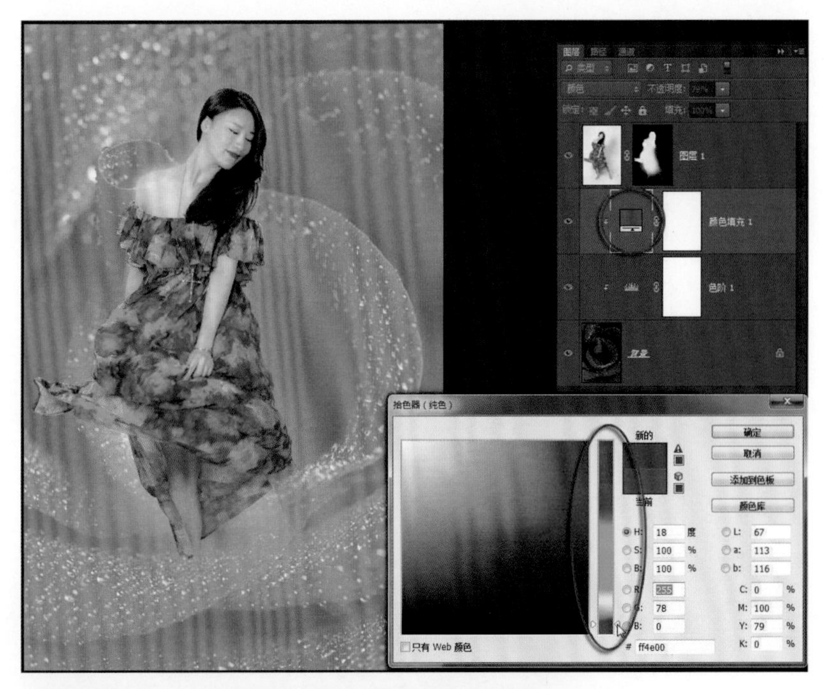

最终效果

通过为人物替换背景，现在这个人像照片的浪漫的味道更强烈了，更具有艺术性，远比原来的单色背景更耐看。很多单色背景的人像照片都可以用这样的方法来改变照片的情调。

用合理的方法分离人物与背景，用蒙版合成人物与背景替换的图像，用色彩填充来改变背景色调，用图层混合模式和色阶输出参数控制背景影调，这样做的最大好处是人物与背景的关系可以反复调整，尝试各种不同的影调和色调效果。

此景只应天上有 26

环境人像摄影中，人物与环境的关系需要精心的创意，而且创意应该贯穿始终。不仅在前期拍摄要有想法，而且后期处理也需要大胆的创作。用两张照片合成一张新的照片，体现一种全新的艺术境界和思想境界，这是一个很不错的创作方法。

原片的拍摄

打开随书赠送学习资源中的26-1.jpg文件。

宽阔的大海边，温柔的夕阳下，少女亭亭玉立。亮丽的婚纱、追逐的海浪、纯朴的礁石，这一切组合在一起，都希望表达少女心中圣洁的境界。

尽管是很有想法的一幅片子，但是总感觉画面过于纪实，缺少想象中那种艺术境界的气氛。

打开随书赠送学习资源中的26-2.jpg文件。这是一幅在飞机上拍摄的蓝天白云的素材图像，准备做合成。

要将这两幅图像合成，先确认两个图像文件大体相当，也就是说两个图像的分辨率和外形尺寸要一致。

合成图像

指定26-2.jpg为当前文件，按Ctrl+A组合键全选图像，按Ctrl+C组合键复制图像。回到26-1.jpg图像中，按Ctrl+V组合键粘贴图像，新贴进来的图像生成新的图层1，确认蓝天白云图像能够覆盖下面的图像。

打开图层混合模式下拉框，设置图层1的混合模式为“滤色”，可以看到蓝天中的白云与大海融合在一起了。

创建蒙版

现在需要把人物显现出来。关闭图层1，指定背景层为当前层。在工具箱中选择磁性套索工具，沿着人物的外形建立选区，当鼠标回到起点的时候，双击鼠标，就形成了闭合的选区。

重新打开图层1，确认其为当前层。在图层面板的最下面单击创建图层蒙版图标，为当前层建立图层蒙版。

带着选区建立蒙版，则选区内为当前层保留图像部分。这与我们的需要正好相反。

按Ctrl+I组合键做反相，把图层蒙版中的黑白反转过来。

现在图像看起来正常了。当前层选区内人物位置的图像被遮挡掉了，大面积的云天图像被保留了。

修饰蒙版

仔细观察发现，用套索建立的选区边缘与所需的人物外形并不十分吻合，选区边缘也很生硬。

将光标放在当前层的蒙版图标中，单击鼠标右键，在弹出的菜单中选中“调整蒙版”命令，打开“调整蒙版”对话框。

在弹出的“调整蒙版”对话框中，单击“视图”弹出蒙版显示方式，选择“背景图层”方式，现在图像与我们正常观察的效果相同了。

先来调整边缘，把“平滑”“羽化”两个参数稍提高一点，看到图像中人物的边缘不再生硬了。如果感觉人物边缘有明显的晕圈，可以尝试将“移动边缘”滑标稍向右侧移动一点，晕影消失。

单击“确定”按钮，退出调整蒙版操作。

在工具箱中选择放大镜工具，将图像放大，仔细检查人物的边缘，发现有蒙版遮挡不合适的地方。在工具箱中选择画笔工具，在选项栏中打开画笔库，选择合适的直径和硬度，按照人物的边缘小心修饰，让蒙版的边缘与人物完全吻合。

在修饰的过程中随时需要调整笔刷的参数，可以在图像中单击鼠标右键，弹出画笔选项面板，设置所需参数。

在蒙版中修饰背景

再来修饰人物脚下和海边露出水面的岩石。

在工具箱中选择画笔工具，在上面选项栏中设置合适的笔刷直径，硬度值为0%，并设置前景色为黑色。

用画笔把人物脚下的岩石涂抹出来，注意必须按住鼠标一笔涂抹完成，中间不能断。

云雾中的礁石，既不能过于清晰，也不能过于模糊，要让礁石若隐若现。

选择“编辑\渐隐”命令，快捷键是Ctrl+Shift+F，弹出“渐隐”对话框，将滑标逐渐向左移动，看到刚才涂抹的效果逐渐减弱，移动到合适为止，然后按“确定”按钮退出。

这样做是为了不用每次都设置画笔的不透明度参数。

但必须涂抹一次，即做渐隐，因为渐隐操作只对前一次操作起作用。

用同样的方法把其他水面的岩石都涂抹出来，注意要使各块岩石深浅不一。

调整背景影调

现在感觉背景的影调偏亮。

在图层面板最下面单击创建新的调整层图标，在弹出的菜单中选中“曲线”命令，建立一个曲线调整层。

在弹出的“曲线”面板中选中直接调整工具，在图像中选择白云，然后按住鼠标向下移动，曲线上产生相应的控制点，将曲线向下压，看到图像被压暗了。

这个调整层是用来压暗背景的，因此还需要将人物的影调恢复回来。

用刚才建立的蒙版就可以满足需要。先按住Ctrl+Alt组合键，然后用鼠标按住下层的蒙版图标向上移动，将其放到当前调整层的蒙版图标上，松开鼠标，弹出“要替换图层蒙版吗”的提示框，单击“是”按钮退出。

可以看到，下层的蒙版被复制到了当前层的蒙版中。这样做可以确保两个蒙版完全一样，处理的区域完全一样。

尝试各种云天效果

并非只有这张云天的素材图才能用来制作这个效果。只要有了这个思路，可以使用您自己拍摄的各种云天素材图来做替换。

使用不同的云天素材图，要根据实际情况设置所需的图层混合模式，或者设置所需的图层不透明度。

最终效果

经过精心的修饰，经过两个图层图像的叠加，一个全新的意境产生了。水天相融，云蒸霞蔚，我们创造了这样一幅天堂美景，身着婚纱的少女更显妩媚，更显圣洁。这时我们看到的画面，不是要追究到底是海水还是云天，这就是一种意境，一个我们心中的仙境。

当女孩看到这张片子的时候，她惊诧了，她陶醉了，因为，此景只应天上有！

探索反冲效果 27

反冲是胶片时代将正片放进负片冲洗液中冲洗出来的效果。原本是某次误操作造成的，但是发现错冲出来的胶片色彩夸张，有一种特殊的艺术味道。于是有些摄影师开始专门拍摄正片故意做负冲，进而再试验对负片做正冲。在胶片时代，反冲效果很难控制，而在数码时代，用计算机控制反冲效果后期处理，则是每个爱好者都可以尝试的操作了。

准备图像

打开随书赠送学习资源中的27.jpg文件。

能够适合做反冲效果的图，最好是大面积中间调，局部有鲜明色彩。

百年古村里，姑娘站在雨后的小巷中。天上淅淅沥沥落下小雨，石头路面倒映天光，房檐下几盏红灯笼提示着过年的气息。整个环境空空的，静静的。

调整影调

原片欠曝，影调沉闷。

在图层面板最下面单击创建新的调整层图标，在弹出的菜单中选择“色阶”命令，建立一个色阶调整层。

在弹出的“色阶”面板中，按照直方图的形状，将右侧的白场滑标向左移动到直方图的右侧起点。片子的影调关系正常了。

整体看片子影调已经没有问题了，但是没有看头。

反冲效果曲线调整

在图层面板最下面单击创建新的调整层图标，在弹出的菜单中选择“曲线”命令，建立一个曲线调整层。

在弹出的“曲线”面板中，打开最上面的曲线模式下拉框，可以看到这里已经预设了多种曲线调整模式。可以依次选择尝试各种模式，研究不同曲线参数设置对于图像的影响效果。

在曲线模式下拉框中，选中“反冲”选项。这里预设的反冲参数，可以非常方便地得到很逼真的胶片反冲效果，比很多网上教程效果要好。

可以看到，反冲的图像颜色夸张，红、绿、蓝三色的曲线都呈S形。整体影调反差增强。

从曲线中可以看到绿色通道曲线，亮调部分特别强，阴影部分也较强，而中间调部分稍弱。这就是说，反冲效果会明显偏绿。红和蓝也是明暗两头强，中间弱。

设置反冲模式后，图像影调反差过大，需要适当调回图像影调。

在图层面板上，双击刚才调整影调的色阶调整层的图标，重新打开刚才做的色阶调整面板。

将右侧的白场滑标向右侧移动，重新放回原位，将中间灰滑标逐渐向左侧移动，扩大亮调空间，直到图像中的反差效果满意。

现在看到的就是比较典型的反冲效果。

在反冲效果中，人物的脸部呈青绿色，看着不舒服。

在工具箱中选择画笔工具，设置前景色为黑色。在图像中单击鼠标右键，在弹出的画笔面板中设置所需的画笔直径和最低的硬度参数。

在图层面板上单击曲线调整层的蒙版图标，进入反冲调整层的蒙版操作状态。用黑画笔将人物脸部涂抹恢复原状，注意要一笔完成，就是说涂抹时按住鼠标不能松开。

一笔涂抹完成后，选择“编辑\渐隐画笔工具”命令，在弹出的“渐隐”对话框中，将滑标逐渐向左移动，降低涂抹的不透明度，看到涂抹的人物脸部颜色满意了，单击“确定”按钮退出。

为什么不在涂抹时设置画笔的不透明度参数呢？因为不知道设置多少参数值才合适。

现在感觉人物的衣服影调偏暗。

在工具箱中选择画笔工具，设置前景色为黑色。在图像中单击鼠标右键，在弹出的画笔面板中设置所需的画笔直径和最低的硬度参数。

用黑画笔将衣服部分涂抹出来，还是一笔涂抹完成，中间不能抬起鼠标。

一笔涂抹完成后，选择“编辑\渐隐画笔工具”命令，在弹出的“渐隐”对话框中，将滑标逐渐向左移动，降低涂抹的不透明度，看到涂抹的人物衣服影调满意了，单击“确定”按钮退出。

如果没有做到一笔涂抹完成，这里教给你一个小窍门：用黑画笔将需要的地方涂抹完成，不管用多少笔都行。这时工具箱中背景色应该是白色，按Ctrl+Delete组合键填充白色，然后即做渐隐，方法一样，效果一样。

调整局部色调

感觉天空过亮。

要调整图像局部影调，最好还是专门建立一个调整层来做。

在图层面板最下面单击创建新的调整层图标，在弹出的菜单中选中“曲线”命令，建立一个新的曲线调整层。

在弹出的“曲线”面板中选中直接调整工具，用鼠标按住天空位置向下移动鼠标，看到曲线上相应的控制点也向下移动。可以看到在反冲效果中，压暗高光区域的曲线，画面会偏品红色。

整个图像的影调都变化了，查看工具箱中背景色为黑色，按Ctrl+Delete组合键，在蒙版中填充黑色，刚做的调整效果完全被遮挡。

在工具箱中选择画笔工具，设置前景色为白色。在图像中单击鼠标右键，在弹出的画笔面板中设置所需的画笔直径和最低的硬度参数。

用白色画笔把刚刚调整的天空部分涂抹出来。

还想尝试将图像的四周适当压暗，以突出主体部分。

在工具箱中选择画笔工具，设置前景色为黑色。在图像中单击鼠标右键，在弹出的画笔面板中设置所需的画笔直径和最低的硬度参数。

在图层面板上单击刚才做过的色阶调整层的蒙版图标，激活进入色阶调整层的蒙版操作状态。

用直径很大的黑色画笔在图像的边缘适当涂抹，可以看到在蒙版的遮挡下，图像的边缘部分恢复了最初的暗调子。

最终效果

调整成反冲效果后，片子表现出一种幽静、忧伤的情调，表达了摄影人对古村落的怀旧情怀。这样的效果似乎比原片更具情感和艺术的感染力。

不论是正片负冲还是负片正冲，不论是有意为之还是偶尔失误，反冲给我们的是一种特殊味道，是打破常规思维模式的一种探索。反冲很难说有一组固定的参数和影调、色调标准，不同的片子用同样的方法会得出不同的结果。那么，究竟哪种影调和色调能符合您的意愿，这就是您自己的喜好了。在这个实例中告诉您的是最基本的方法，一是原片的弱反差影调，二是曲线调整层的反冲模式设置。

多图像合成艺术效果 28

棚拍人像大多是单色背景，拍摄完成之后，还可以根据人像的神情和姿态将背景处理成艺术效果，以期更好地烘托人物的环境气氛。如果能用其他照片素材来做合成，往往能取得意想不到的艺术效果，大大提升照片的档次。

准备图像

这是在棚里拍摄的一张原片，主角是两位拉丁舞的舞者，他们认真奔放的舞姿，把拉丁舞的特点表现得淋漓尽致。由于现场环境和条件的限制，周围穿帮的地方很多，都需要后期来修补。

修补这样的照片，主要使用图章、补丁等工具以及各种选择工具来做。整个修补操作技术含量不高，但需要相当的耐心和时间。这部分内容不属于本实例操作的范畴，因此不在这个实例中做了，我准备好了一张修补完成的素材图，我们直接进入图层操作。

打开随书赠送学习资源中的28-1.psd文件。

经过一番认真的后期修补处理，把原片中多余的杂物都去除了，背景修补得已经很完整。又对人物的影调和色调做了处理，按说这样的照片已经没有问题了。

但是为什么要拍这张照片，难道只是为了记录这个瞬间？把艺术创作混同于新闻纪实，那就背离了拍摄这张照片的初衷。下面尝试用一些炫光素材来渲染和营造气氛，提升片子的艺术档次。

建立黑背景

在图层面板上将背景层拖曳到创建新图层图标上，复制成为背景拷贝层。

指定背景层为当前层。在工具箱中设置前景色为黑色，然后按Alt+Delete组合键将背景层填充为全黑。

人物抠图

要把人物从背景中抠出来，这又是一件非常消耗精力的工作。按照一般工作流程，要先进入通道。选择一个反差最大的通道，如红色通道，复制成为红色拷贝通道。然后用画笔将人物涂抹为黑，再用曲线命令将人物与环境背景用黑白区分开。对于很多细节部分，还得将图像放大，用合适的画笔工具精细涂抹。

为了集中精力做图层技术操作，我把抠图的事先做完了。

打开通道面板，进入最下面的Alpha 1通道，里面是为大家准备好的人物抠图。在通道面板最下面单击载入通道选区图标，将Alpha 1通道选区载入，看到蚂蚁线了。

在通道面板的最上面单击RGB复合通道，可以看到所有的颜色通道都被激活选中了，看到彩色图像了。

回到图层面板，指定人物图层为当前层。蚂蚁线还在，在图层面板最下面单击创建图层蒙版图标，为当前人物图层建立一个蒙版。

看到图像中的人物被遮挡为黑，而背景显现出来了，这与我们的需要正相反。这是因为图层蒙版中的黑白反了。按Ctrl+I组合键做反相，将蒙版反过来，现在看到图像正常了。

合成炫光效果

打开随书赠送学习资源中的28-2.jpg文件。这是一张从网上素材库找到的免费炫光素材图。

按Ctrl+A组合键全选图像，再按Ctrl+C组合键复制图像。

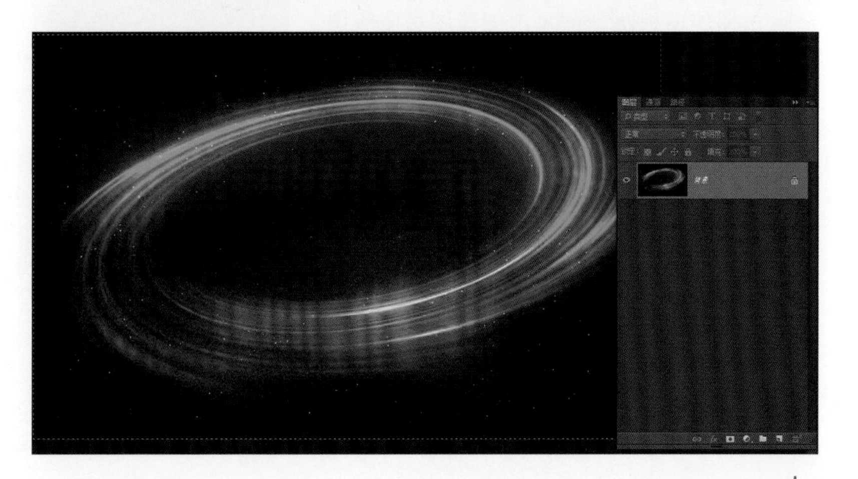

回到目标图像文件，按Ctrl+V组合键粘贴炫光素材图。

在图层面板最上面打开图层混合模式下拉框，设置当前层混合模式为“滤色”。也可以尝试其他满意的图层混合模式。打开不透明度参数，适当降低不透明度参数值，使炫光效果有浮现的感觉。

感觉炫光的圆圈角度不满意，炫光圆的大小也不满意。按Ctrl+T组合键打开变形框，将光标放在变形框外，当光标变成双向旋转箭头时，按住鼠标移动将变形框旋转到与舞者动作相符的满意角度。拉动变形框的角点可以改变大小，如果要保持原有图像的宽高比例，在拉动角点的时候要先按住Shift键。

完成变形调整，角度和大小都满意了，按回车键确认完成。

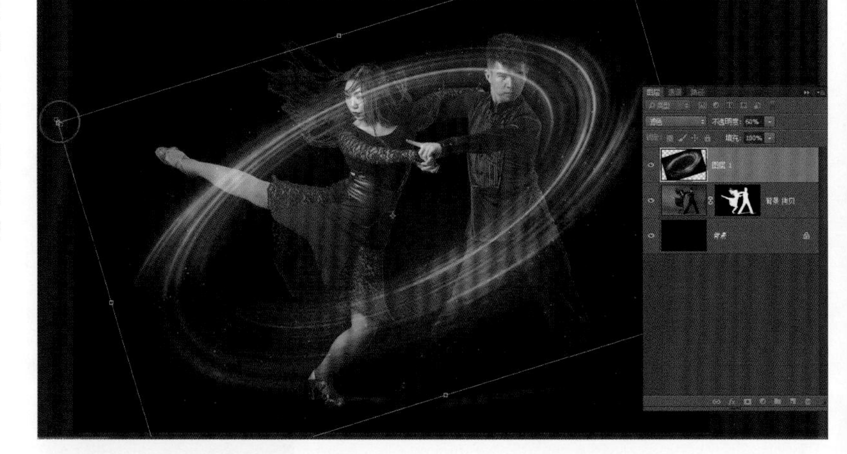

炫光图像的边缘还有痕迹。

在图层面板最下面单击创建图层蒙版图标，为当前层建立一个新蒙版。在工具箱中选择画笔工具，设置前景色为黑色，并在上面选项栏中设置合适的笔刷直径和最低的硬度参数，然后用较大的黑画笔将炫光图的边缘痕迹涂抹掉。

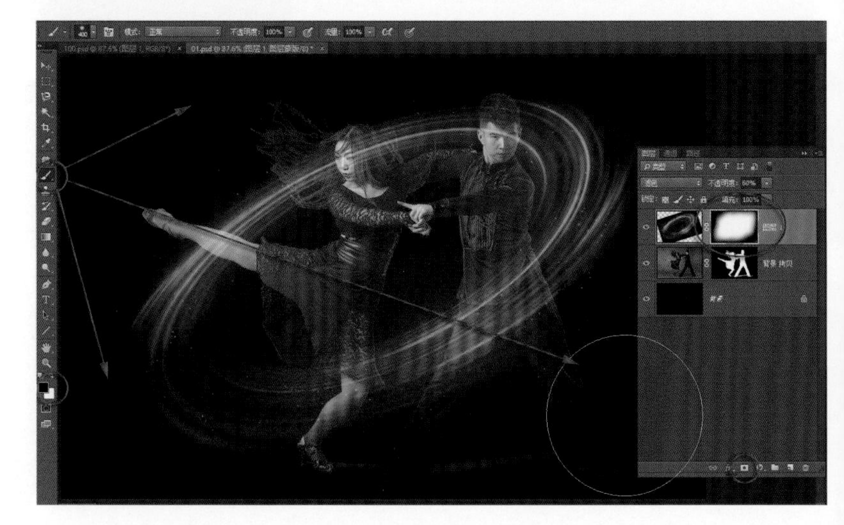

炫光的圆圈不能完全浮动在人物的前边。设置小一点的笔刷直径，用黑画笔在人物的适当位置涂抹，让人物的头和上半身显现到炫光圆圈的前面来。

有的地方要让炫光与人物相融合，该地方的蒙版既不能是纯黑的，也不能是纯白的，应该是一定深浅的灰。用黑画笔先一笔涂抹完，中间不能抬鼠标。然后选择“编辑\渐隐”命令，在弹出的“渐隐”对话框中，适当降低不透明度参数值，看到图像的深浅满意了，按“确定”按钮退出。

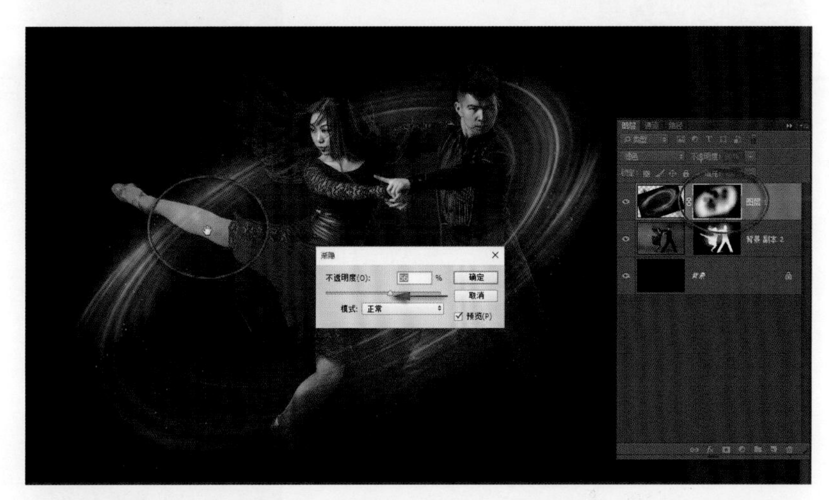

如果感觉人物与背景层的纯黑区分不够明显，可以适当调整人物的局部明暗。在图层面板上单击人物层的蒙版图标，进入人物层的蒙版状态。在工具箱中选择画笔工具，设置前景色为白色，并设置较大的笔刷直径和最低的硬度参数，然后用白画笔在人物位置适当单击涂抹，大概还需要涂抹一笔就做一次渐隐，让画笔涂抹的深浅满意。

第一种炫光效果

第一次炫光合成完成了。现在感觉炫光对舞者的烘托有了气氛，人物的旋转力度表现出来了，拉丁舞的动感也有了。

第二种炫光效果

在寻找炫光素材的时候，找到不止一张素材图，我也不知道哪种效果最好，不妨再做一种试试看。

打开随书赠送学习资源中的28-3.jpg图像，这种有爆炸感觉的炫光看起来很刺激。

按Ctrl+A组合键全选图像，再按Ctrl+C组合键复制图像。

回到目标文件，在图层面板上单击第一种炫光素材图层前面的眼睛图标，将图层1关闭。

与刚才第一个炫光素材的做法完全一样，把这个炫光素材粘贴到目标文件中，设置图层混合模式为“滤色”。按Ctrl+T组合键打开变形框，将炫光旋转到合适的角度，按回车键确认。在图层面板最下面单击创建图层蒙版图标，为当前层建立蒙版，用较大直径的黑画笔涂抹修饰炫光素材边缘，去掉痕迹。

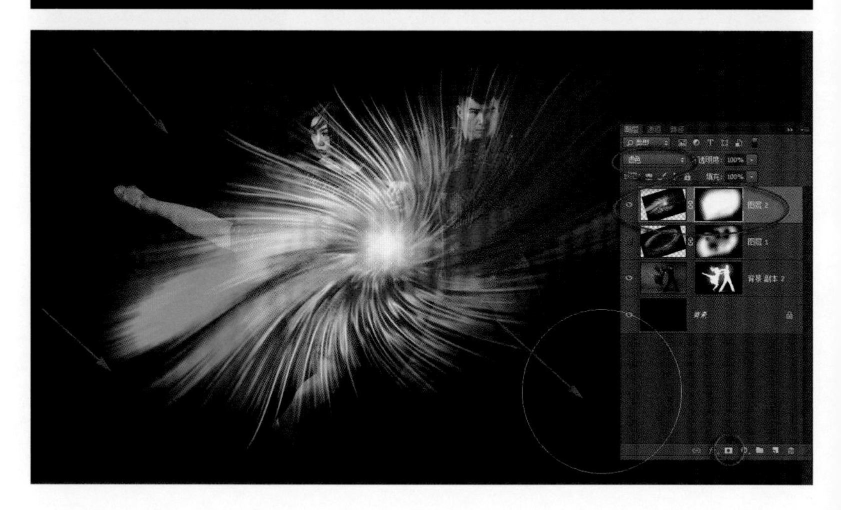

再用稍小直径的画笔涂抹人物的局部，让头脸及部分身体显现出来。涂抹时依旧是要根据炫光的形态和人物身姿的需要，在局部涂抹不同深浅的灰来做遮挡。要想人物显现得清晰，涂抹的黑色就重一些；要想人物显得朦胧，涂抹的黑色就轻一些。每涂抹一笔，都可以用“渐隐”命令来控制画笔的深浅轻重。

两次炫光合成

第二次炫光效果完成了，感觉又是一种味道吧？在图层面板上单击第一种炫光效果图层前面的眼睛图标，打开第一种炫光效果，让两种炫光效果同时显现，什么感觉？似乎更酷了吧！

第三种炫光效果

现在尝到甜头了，还想继续尝试其他炫光效果。

打开随书赠送学习资源中的28-4.jpg图像。按Ctrl+A组合键全选图像，再按Ctrl+C组合键复制图像。

回到目标文件，在图层面板上单击刚才两个炫光素材图层前面的眼睛图标，关闭图层1和图层2。

按Ctrl+V组合键将炫光素材3粘贴上来，产生新的图层3。依然将图层混合模式设置为“滤色”。依然在图层面板最下面单击创建图层蒙版图标，为当前层建立蒙版。将背景拷贝层的蒙版复制过来，按住Ctrl+Alt组合键，再用鼠标按住背景拷贝层的蒙版图标，直接拖曳到上面炫光素材层的蒙版中，在弹出的“要替换图层蒙版吗”对话框中单击“是”按钮。

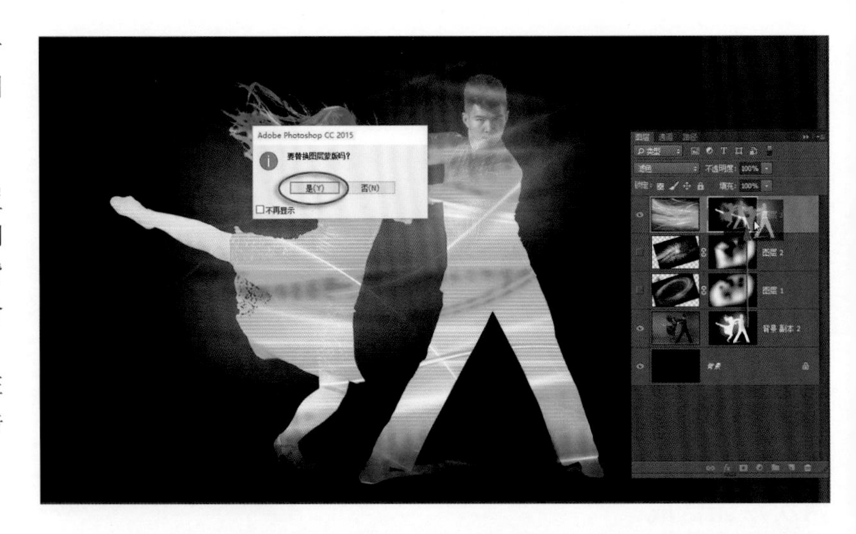

复制过来的图层蒙版与当前层需要的蒙版正相反，按Ctrl+I组合键将蒙版做反相，看到炫光素材与人物结合了。

现在炫光都在人物的后面，想让人物的身前也有一点朦胧的炫光。用大直径的黑画笔在人物身前一笔涂抹过去，然后选择“编辑\渐隐”命令，在“渐隐”对话框中将不透明度滑标适当向左移动，效果满意了按“确定”按钮退出。

感觉当前的炫光效果太亮了。打开图层面板上面的不透明度参数，将滑标向左移动，降低不透明度参数，直到炫光效果满意。

第三种炫光效果是不是又多了一种神秘的味道呢？

如果继续往下做，复制图层，改变图层混合模式，设置不同的模式和参数组合，我也不知道还会衍生出什么样的神奇效果来，真的是变化无穷哦！

最终效果

其实，这里没有最终效果，继续做下去还可以变化出各种神奇的效果来。这里没有对错之分，完全看个人的喜好。各种图层混合模式的不同组合变化无穷，这就是图层混合的魔力。

关键在于要按照艺术摄影的思路来处理这样的片子，我也不是一开始就想好了结果的，也是一步一步摸索试验，做一步眼前一亮，再做一步心头一喜。基本思路有了，具体做法就好办了。我的操作也并非就是唯一正确的方法，您也可以根据自己的理解、擅长和喜好，选择不同的素材，配合不同的做法，产生不同的效果。

各种素材都可以自己在网上搜索，根据片子的内容，辅以合适的形式，就能提升片子的艺术档次。

感谢为本书“英勇献身”的朋友们

编写“人像篇”这本书，需要很多人像照片做实例。请专业模特一是费用高，二是不接地气。所以本书中所拍摄的模特绝大多数都是我身边的同事、朋友。他们的形象可能不那么亮眼，他们的“泡斯”可能不那么专业，但他们知道我是教学写书用，于是英勇献身，给了我极大的支持。

书中所用的片子，一种是从过去已有的摄影作品中翻找出来的，另一种是按照书中知识点的需要去专门拍摄的。每次拍摄人像，我都会向被摄者说明拍摄的目的和要求，征求对方认可。有不愿意的，虽然拍的片子非常适合做实例，也只能放弃；有愿意的，拍出来的片子又不一定就适合做实例用。真是个烦心的事呢！

在这些特约的被摄模特中，有我的老领导，有我的工作同事，有我的摄友朋友，也有我的家人亲属。他们同意了我使用他们的照片作为书中的实例，一是对我人品的信任，二是对我工作的理解，三是对我拍摄照片的喜爱。每次拍摄，都是还原本人，做什么工作的就拍什么片子。有喜欢捯饬的就自己化妆，有愿意得瑟的就自己带道具，总的原则就是贴近自己的生活，贴近本人原型。这样拍出来的照片对自己、对家人都有很好的保留和观赏价值。这样的片子也接地气，在教学和写书的过程中有较宽的适应面。

有的人镜头感好，面对几台照相机神态自若，收放自如。也有的人聊天的时候眉飞色舞，等柔灯光亮起、反光板打起、大炮口瞄准时，她脸上的肌肉立马都僵住了，无论如何好言安抚、缓释心理都不行。灯一灭，炮一收，她又欢实起来了。弄得你真是哭笑不得。

也拍过专业模特，拍着确实舒服过瘾。她知道如何满足摄影师的需要，她知道如何展示自己最美的一面。一颦一笑，一招一式，一举手一投足都不用你多说。这样的片子拍着省心，看着养眼，可就是与一般大众摄影爱好者距离太远，后期处理空间较小。

所有模特不论是专业的还是业余的，都不愿意用自己的形象做外形修饰实例。一个人觉得自己的脸形和身材拍得不满意，我给她修好看了交给她片子行，拿来做书中的实例就不乐意了。可以理解，谁愿意自己的形象让大众涂来抹去的呀！而且我还得找模样能得到大家认可的，还有些缺陷的，又同意把她的照片放在书中让大家跟我一起涂来抹去的美女当模特，真的发愁死了。

终于按照这本书的要求，拍摄和挑选出一批人像照片，满足了基本需要，完成了全篇书稿。这一刻我首先要感谢的是为这本书“英勇献身”的朋友们，虽然这样的“献身”算不上什么，但也是需要勇气的。这些朋友为了支持我的工作，为了帮助大家提高Photoshop技能，为了让我们提升自身的文化素质，他们的奉献值得尊敬！

再次感谢为这本书“英勇献身”的各位朋友们！